U0181117

国家出版基金项目
NATIONAL PUBLICATION FOUNDATION

国 家 出 版 基 金 资 助 项 目
"十三五"国家重点出版物出版规划项目
先进制造理论研究与工程技术系列

机器人先进技术研究与应用系列

多机器人之间的博弈论

Game Theory of Multi-robots

蔡则苏　方宝富　裴昭义　朴松昊　傅忠传 编 著

哈尔滨工业大学出版社
HITP　HARBIN INSTITUTE OF TECHNOLOGY PRESS

内 容 简 介

以智能机器人为智能体载体的多机器人系统一直被广泛应用于军事、农业、勘测、救援、交通等涉及国家关键产业及人类的日常生活中,具有十分重要的研究意义。其中,追逃问题本质上是多机器人之间有限理性的多局中人的博弈问题,也是研究多机器人系统中机器人之间竞争与合作的典型平台。本书的主要内容包括引言、基于混合地图的多机器人协作探索环境、多机器人协作 SLAM、基于 AGRMF-NN 的多机器人任务分配算法、基于深度强化学习的多机器人协作 SLAM 算法、多机器人追捕博弈问题中追逃约束条件研究、基于快速推进法的多机器人分层追捕算法、复杂障碍物下的多机器人协作追捕算法研究等。

本书主要供研究人员、工程技术人员开展多机器人系统理论与应用研究工作时参考,也可作为研究生在多机器人系统方面的课程参考读物。

图书在版编目(CIP)数据

多机器人之间的博弈论/蔡则苏等编著. —哈尔滨:
哈尔滨工业大学出版社,2022.5
(机器人先进技术研究与应用系列)
ISBN 978-7-5603-9308-7

Ⅰ.①多… Ⅱ.①蔡… Ⅲ.①机器人群控作业-研究
Ⅳ.①TP24

中国版本图书馆 CIP 数据核字(2021)第 016829 号

策划编辑　王桂芝　甄淼淼
责任编辑　周一瞳　苗金英　王桂芝
出版发行　哈尔滨工业大学出版社
社　　址　哈尔滨市南岗区复华四道街 10 号　邮编 150006
传　　真　0451-86414749
网　　址　http://hitpress.hit.edu.cn
印　　刷　辽宁新华印务有限公司
开　　本　720 mm×1 000 mm　1/16　印张 15.5　字数 313 千字
版　　次　2022 年 5 月第 1 版　2022 年 5 月第 1 次印刷
书　　号　ISBN 978-7-5603-9308-7
定　　价　88.00 元

序

　　机器人技术是涉及机械电子、驱动、传感、控制、通信和计算机等学科的综合性高新技术,是机、电、软一体化研发制造的典型代表。随着科学技术的发展,机器人的智能水平越来越高,由此推动了机器人产业的快速发展。目前,机器人已经广泛应用于汽车及汽车零部件制造业、机械加工行业、电子电气行业、医疗卫生行业、橡胶及塑料行业、食品行业、物流和制造业等诸多领域,同时也越来越多地应用于航天、军事、公共服务、极端及特种环境下。机器人的研发、制造、应用是衡量一个国家科技创新和高端制造业水平的重要标志,是推进传统产业改造升级和结构调整的重要支撑。

　　《中国制造2025》已把机器人列为十大重点领域之一,强调要积极研发新产品,促进机器人标准化、模块化发展,扩大市场应用;要突破机器人本体、减速器、伺服电机、控制器、传感器与驱动器等关键零部件及系统集成设计制造等技术瓶颈。2014年6月9日,习近平总书记在两院院士大会上对机器人发展前景进行了预测和肯定,他指出:我国将成为全球最大的机器人市场,我们不仅要把我国机器人水平提高上去,而且要尽可能多地占领市场。习总书记的讲话极大地激励了广大工程技术人员研发机器人的热情,预示着我国将掀起机器人技术创新发展的新一轮浪潮。

　　随着我国人口红利的消失,以及用工成本的提高,企业对自动化升级的需求越来越迫切,"机器换人"的计划正在大面积推广,目前我国已经成为世界年采购机器人数量最多的国家,更是成为全球最大的机器人市场。哈尔滨工业大学出版社出版的"机器人先进技术研究与应用系列"图书,总结、分析了国内外机器人

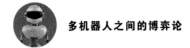

技术的最新研究成果和发展趋势,可以很好地满足机器人技术开发科研人员的需求。

"机器人先进技术研究与应用系列"图书主要基于哈尔滨工业大学等高校在机器人技术领域的研究成果撰写而成。系列图书的许多作者为国内机器人研究领域的知名专家和学者,本着"立足基础,注重实践应用;科学统筹,突出创新特色"的原则,不仅注重机器人相关基础理论的系统阐述,而且更加突出机器人前沿技术的研究和总结。本系列图书重点涉及空间机器人技术、工业机器人技术、智能服务机器人技术、医疗机器人技术、特种机器人技术、机器人自动化装备、智能机器人人机交互技术、微纳机器人技术等方向,既可作为机器人技术研发人员的技术参考书,也可作为机器人相关专业学生的教材和教学参考书。

相信本系列图书的出版,必将对我国机器人技术领域研发人才的培养和机器人技术的快速发展起到积极的推动作用。

蔡鹤皋

2020 年 9 月

前　言

　　智能体(agent)是具有一定的行为、计算资源和能力,且能够代理完成指定任务的实体。多智能体系统(multi-agent)是由多个智能体根据一定行为规则形成的系统。以智能机器人为智能体载体的多智能体系统就是多机器人系统(multi-robot)。多机器人系统的研究越来越受到机器人学研究人员的重视和青睐,成为当前机器人技术研究的一个重要热点。

　　多机器人系统一直被广泛应用于军事、农业、勘测、救援、交通等涉及国家关键产业及人类的日常生活中,具有十分重要的研究意义。多机器人系统中的每个智能机器人在环境未知的情况下,可以通过协作对机器人的位姿(位置和姿态)进行估计。在定位的同时协作完成建立地图的过程称为协作同时定位与地图创建(CSLAM)。CSLAM是多机器人系统完成指定任务的前提,定位和建图的精度直接影响到多机器人系统的执行效率。多机器人学习方法是赋予多机器人系统学习的功能,不断提高系统总体的协调效果及机器人个体之间的协作能力,对整个系统中个体的属性和特征进行迭代学习。多机器人追捕目标问题作为多机器人系统中的一类典型合作与竞争问题,研究的是多机器人如何通过合作而有效地捕获另一群逃跑的机器人,这已经成为多机器人技术研究的一个热点问题。它涵盖了实时视觉处理、无线通信、实时动态路径规划、多机器人分布式协调与控制、多机器人规划与学习、机器人团队之间的竞争与合作等多学科、多领域的知识。

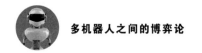

本书主要介绍多机器人系统的相关基础知识,全书分为 8 章,内容如下。

第 1 章首先概述多机器人系统的研究背景及现状,对单机器人 SLAM 框架及相关技术进行介绍,对多机器人的协作路径探索、协作 SLAM 技术、多机器人追逃博弈技术等进行综述。

第 2 章首先概述多机器人协作探索环境并创建环境概率地图,描述一种基于隐式马尔可夫模型(HMM)的节点定位方法,通过多机器人之间交换各自环境地图进行不同局部地图的拼接,然后将 HMM 与市场法有机结合,实现多机器人在未知环境中的协作探索和目标搜索。

第 3 章主要介绍多机器人系统协作 SLAM 的基础知识,相关内容主要包括单机器人 SLAM 框架及理论基础、多机器人协作任务分配模型及多机器人体系结构和协作 SLAM 的方法。

第 4 章主要叙述一种基于神经网络 AGRMF-NN 的多机器人任务分配算法。该神经网络由特征提取部分和组生成部分来学习智能机器人的主要能力因子,并提出基于群体吸引函数的 AGRMF 学习算法,并在多机器人追捕实验仿真平台上进行验证。

第 5 章主要叙述一种基于深度强化学习的多机器人协作 SLAM 算法。该算法将多机器人系统中需要定位的机器人视为一个任务,系统中的其他机器人通过相对观测来完成任务,观测的结果用于修正目标机器人的子地图,根据机器人的协作关系建立一种基于任务树的学习模型,智能体之间的协作将贯穿每个个体的 SLAM 过程。

第 6 章首先介绍双人追逃博弈论问题描述,给出追捕机器人的控制区域相关证明,然后给出多个机器人追捕 1 个逃跑者的追捕约束条件,即在逃跑者性能优于追捕者情况下的 2 个追捕成功必要条件,最后给出逃跑机器人的逃跑策略及满足约束条件下的"贪婪最优"追捕策略。

第 7 章主要介绍一种针对多追捕者和多逃跑者追逃问题的量子最小博弈模型,并论述多机器人追捕的分层微分博弈算法,通过量子拍卖算法完成动态联盟生成过程中的任务分配,完成基于快速推进的分层追捕,可以较大地提高追捕效率。

第 8 章利用模糊系统解决连续状态下状态空间的庞大和复杂性问题,使状态空间得到简化,并利用遗传算法解决模糊逻辑系统规则的自主扩展和隶属参数的自动调整,使模糊系统具有自适应性,从而实现连续状态下的多机器人追捕问题。

本书包含了 2006—2021 年间哈尔滨工业大学计算机科学与技术学院多智能体机器人研究中心多名博士研究生(周浦城、石朝侠、厉茂海、陈凤东、方宝富、裴昭义等)的工作,在此对他们所做出的贡献表示衷心感谢!

限于作者水平和经验,书中疏漏及不足之处在所难免,敬请读者批评指正。

作 者

2022 年 1 月

目 录

第 1 章

绪 论

本章对多机器人系统中存在的关键技术瓶颈和发展方向等开展叙述和讨论。首先是对多机器人系统的应用背景进行简要介绍,并对机器人的自主导航技术进行综述;其次对于创建的地图类型进行详细的介绍,同时介绍多机器人系统中协作路径探索技术及发展趋势;最后对已知环境下和未知环境下的多机器人追逃问题进行介绍,并对多机器人系统的博弈论问题的发展技术进行叙述和讨论。

1.1 背景与意义

机器人作为 20 世纪人类最伟大的发明之一,自 20 世纪 60 年代初问世以来,经历近 60 年的发展,已取得了长足进步。机器人技术是一门高度交叉的前沿学科,涉及机械学、生物学、人类学、计算机科学与工程、控制论与控制工程、电子工程等不同的专业领域。移动机器人作为机器人家族中的一名重要成员,已经在未知环境探索、灾难系统救援、工业产品运送、军事侦察及追捕和家庭服务等领域崭露头角,并在工业、农业、服务业和军事领域展现出无法估量的应用前景。

移动机器人按照功能不同,可以分为很多种,但对于不同种类的移动机器人来说,自主导航是其最基本、首要的功能,也一直是国内外学者研究的热点之一。概括来说,国内外学者主要将自主导航的研究聚焦于定位、环境表示和路径规划三个方面,其中的环境表示即所谓的地图。如果忽略定位的因素,自主导航包括在已知环境下基于环境地图的全局路径规划和未知环境下的探索,则本章中的探索也可以称为移动机器人在未知环境下的自主导航。探索的目的是通过环境遍历,尽可能快地把未知环境变为已知环境,或尽可能快地完成特定任务(如目标搜索、地面清扫等)。环境地图创建则是探索的重要环节(而非必要环节),能够有效提高探索的效率。

与大部分单机器人在未知环境下的探索方法相比,利用多个移动机器人协作探索未知环境具有并行处理、容错、柔性和信息冗余的优点,不仅有助于克服传感器和环境的不确定性,而且扩展了单个机器人无法实现的功能。但多机器人协作探索同时带来了新的挑战。其中,局部地图拼接、协作策略的选择和有限的通信能力是三个亟须解决的问题。

多机器人系统作为一种协作的群体多机器人系统,实际上是对自然界和人类社会中群体系统的一种模拟。多机器人协作与控制研究的基本思想就是将多机器人系统看作一个群体或一个社会,从组织和系统的角度研究多个机器人之间的协作机制,从而充分发挥多机器人系统的内在优势。从本质上说,多机器人系统是由许多自治机器人组成的分布式系统,它主要研究如何使能力有限的个体机器人通过交互产生群体智能。分布式与合作式机器人技术起源于 20 世纪 80 年代后期,经过近 40 年的发展,多机器人系统研究已在理论和实践方面取得了很大进展。近几年来,IEEE、ICRA、IROS 等著名国际机器人学术会议上多次开设群 / 多机器人系统的专题。 一些著名的机器人国际学术性刊物,如 *Autonomous Robots*、*Robotics and Autonomous Systems*、*IEEE Transactions on Robotics and Automation* 等,都陆续出版了有关群 / 多机器人的专刊或刊登了许多有价值的文章。

本章概述移动机器人的自主导航技术与多机器人系统及其研究现状,探讨多机器人追捕问题所涉及的关键技术,最后介绍本章的主要研究内容和意义。

1.2 自主导航综述

1.2.1 导航的概念

导航一词本身是指引导可移动载体行驶或飞行到达目的地的过程。导航概念涉及航海、航天、陆地车辆行驶及移动机器人在未知地域探索等领域。

移动机器人的自主导航(autonomous navigation)是指机器人依靠自身携带的传感器,在特定环境中,按时间最优、路径最短或能耗最低等准则实现从起始位置到目标位置的无碰撞运动。顾名思义,自主导航需要解决三个基本问题:我在哪里? 我要去哪里? 如何去? 其中,第一个是定位问题,第二个是定位和目标识别问题,最后一个是路径规划问题。

1.2.2 导航的分类

导航技术涉及自动控制、机械工程、计算机、微电子学、光学、数学、力学等多个学科,有很多种分类方法。

(1) 按是否依赖外部设备的信息分类。按照移动机器人是否依赖外部设备的信息,可以把导航分为自主导航和非自主导航。自主导航依靠机器人自身携带的传感器完成环境感知、定位、路径规划和路径跟踪任务,是移动机器人研究的核心问题;非自主导航依靠外部的设备如全局视觉系统或全局定位系统(global position system,GPS)完成各项任务,具有较高的精度,但是在某些特定的地点(如室内、地下、水下或外星球环境)无法使用。

(2) 按信息获取的方式分类。按照信息获取的方式不同,可以把导航分为视觉导航、非视觉传感器导航、惯性导航、GPS 导航和基于多传感器数据融合的导航。

① 视觉导航利用装配的摄像机拍摄周围环境的局部图像,然后通过图像处理技术(如特征识别、距离估计等)实现机器人的目标识别和自主定位。在特征识别方面,Harris 角点和直线段是早期常用的特征,容易受环境改变、局部遮挡和传感器不确定的影响。在距离估计方面,从三维的真实世界到二维的平面图像的非线性压缩再加上视觉噪声对特征识别的影响,导致单目视觉的径向误差较大。双目和三目立体视觉能在一定程度上克服单目视觉的缺陷,但由于需要对不同的图像进行特征匹配,仍然受到摄像机测量的不确定性和特征匹配的影响,因此使用非视觉传感器并利用信息融合技术解决这一问题是比较常用的方法。

② 非视觉传感器导航是基于非视觉传感器(如超声波传感器、激光传感器、红外传感器或接触传感器)信息的导航方式。超声波传感器造价便宜,测距精度受波束角和环境材质的影响较大,并且在多机器人环境中容易产生“旁瓣效应”。激光传感器的测距精度较高,能够利用激光传感器信息提取环境的角点或线段特征,但是与视觉图像相比,所获取的环境信息还是相对贫乏。

③ 惯性导航根据光电编码器或陀螺仪信息,利用航迹推算法计算机器人的坐标。这种方法容易实现,其缺点是定位误差会随着航程的增加而无限制增长。

④GPS 导航利用全局定位系统实现移动机器人定位,属于非自主导航方式。

⑤ 基于多传感器数据融合的导航则对上述几种信息进行融合,通过长短互补来提高导航的精度和可靠性。

(3) 按导航的体系结构分类。按照导航的体系结构,可以把导航分为基于“感知 — 建模 — 规划 — 行动”的慎思式导航(deliberative navigation)、基于“感知 — 动作”的反应式导航(reactive navigation)及将上述两种导航方式相结合的混合式导航。

① 慎思式导航又称全局导航,是一种基于环境地图的全局路径规划方法。由于全局路径规划需要综合考虑整个环境地图的信息,计算量较大,因此大部分全局导航采用离线工作方式。这种方法的缺点是导航的效果取决于地图的精度,当周围环境为动态环境或环境发生局部改变时,会导致搜索的路径无法跟踪。

② 反应式导航又称局部导航,是一种单纯依靠传感器信息的局部避障方法。该方法适用于动态环境下的导航,但由于机器人缺乏环境的全局信息,因此容易陷入局部陷阱。

③ 混合式导航则一般采用分层式结构:首先利用环境地图规划出最优路径或粗略路径,然后根据传感器信息进行局部避障和路径跟踪。

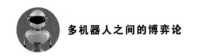

1.2.3　已知环境下的自主导航技术

目前机器人所在的环境大致可分为三种:已知环境、未知环境和部分已知环境。其中,地图是区分不同环境的关键所在。在已知环境中,机器人已经拥有环境地图,可以利用地图完成各种导航任务。在未知环境中,机器人没有环境信息的先验知识,为实现移动机器人在未知环境下的自主导航,机器人必须在运动过程中创建环境地图。部分已知环境在不同的文献中定义有所不同,本章中的部分已知环境是指机器人当前的运动方向与目标点方向的偏差已知而环境中障碍物的位置和形状未知的情况。

已知环境下的自主导航技术目前已日趋成熟,自主定位技术、基于地图的全局路径规划方法及机器人的运动控制已逐步形成系统化的理论体系。

1. 已知环境下的自主定位方法

在已知环境下,常用的定位方法有航迹推算法、基于陆标的三角定位算法、基于地图的扫描匹配算法等。航迹推算法存在累积误差问题,通常与传感器信息结合进行纠正;基于陆标的三角定位算法需要在环境中放置人工陆标,对环境进行改变;基于地图的扫描匹配算法一般使用非视觉传感器(如激光、声呐)的信息与地图中的信息进行匹配。

考虑到环境地图和传感器信息的不确定性,一些研究者提出了利用概率理论来描述机器人的状态并实现定位的方法。由于概率可以有效而自然地表示定位中的不确定信息,因此这些方法取得了很好的效果。按照初始位姿是否已知,可以把机器人定位分为初始位姿已知的位姿跟踪(pose tracking)和初始位姿未知的全局定位(global localization)。

(1)位姿跟踪。位姿跟踪是在已知机器人的初始位姿的条件下,在机器人的运动过程中通过将观测到的特征与地图中的特征进行匹配,求取它们之间的差别,进而更新机器人的位姿的机器人定位方法。位姿跟踪通常采用扩展卡尔曼滤波器(extended Kalman filter,EKF)来实现。该方法采用高斯分布近似地表示机器人位姿的后验概率分布,其计算过程主要包括三步:首先根据机器人的运动信息预测机器人的位姿;然后将观测信息与地图进行匹配;最后根据预测后的机器人位姿及匹配的特征计算机器人应该观测到的信息,并利用应该观测到的信息与实际观测到的信息之间的差距来更新机器人的位姿。最近,Moreno 等将遗传算法与 EKF 相结合进行机器人的位姿跟踪,获得了较好的效果。另一种适用于机器人位姿跟踪的卡尔曼滤波器是无色卡尔曼滤波器(unscented Kalman filter,UKF),其采用条件高斯分布近似地表示后验概率分布。与 EKF 相比,UKF 的线性化精度更高,而且不需要计算雅可比矩阵。EKF 假设机器人运动模型和感知模型的噪声都是单模态高斯白噪声,当初始位姿未知或发生机器人绑架时容易导致定位失败,所以无法应用于移动机器人的全局定位。

(2)全局定位。全局定位是在机器人的初始位姿完全不确定的条件下,利用局部的、不完全的观测信息估计机器人的当前位姿。一个典型而又富有挑战性的"绑架恢复"问题在一定程度上反映了机器人全局定位方法的鲁棒性与可靠性。机器人的全局定位方法主要有以下几种。

① 马尔可夫定位(Markov localization,ML)。ML 是由 Burgard 等提出来的,其主要思想是将机器人定位问题转化为状态空间中机器人位置概率分布的计算和更新。与 EKF 方法的不同之处在于,ML 方法不使用高斯分布表示概率密度,而是将整个状态空间离散化,直接以每个离散单元的概率密度来表示状态分布,因此在各个时间记录的就不仅是单纯的姿态数学期望和置信度方差,而是整个空间中的姿态概率分布。根据环境表示不同,可以把马尔可夫定位分为拓扑马尔可夫定位和栅格马尔可夫定位。其中,栅格马尔可夫定位已经在博物馆导游机器人 Rhino 和 Minerva 上得到成功的应用,其过程分以下两步进行。

a. 预测。当机器人运动时,预测机器人在各个可能状态的概率。

b. 更新。根据最新的观测信息调整各个状态的概率。

ML 通过离散化方法对贝叶斯滤波进行求解,从而实现机器人的定位。其优点是比较稳定,而且定位精度较高。但是由于要对机器人的所有可能状态都进行更新,因此在大型环境中栅格马尔可夫定位的计算量非常大,难以达到实时性的要求。

② 蒙特卡罗定位(Monte Carlo localization,MCL)。Dellaert 等在 ML 的基础上将粒子滤波器用于机器人的定位,提出了一种新的定位方法,称为蒙特卡罗定位。MCL 的主要思想是采用状态空间中一个带权重的离散采样集来表示机器人位姿的后验概率分布。MCL 比 ML 需要的内存空间更小,计算量更小。

与其他方法相比,用粒子表示后验概率有许多优点:能适应于任意感知模型、运动模型和噪声分布;按照后验概率进行采样,将计算资源集中在最相关区域,提高了效率;通过在线实时控制样本数,能适应不同的可用计算资源,相同的程序可以运行在性能不同的计算机上。

传统 MCL 仍然存有很多不足之处,其最典型的缺陷是粒子早熟和退化问题。粒子早熟多发生于自相似或对称环境中,由于传感器的不确定性使大量的粒子集中于某个与实际位置相似的地点,因此机器人收敛于错误的位姿(早熟)。粒子早熟必然会导致粒子退化:当机器人获得新的观测数据时,由于粒子早熟收敛于其他位置,因此在机器人的实际位置附近没有粒子存在或数量较少(退化)。除早熟外,MCL 的运行机制是产生粒子退化的另一个原因:MCL 把运动模型作为提议分布进行采样,而用观测模型进行重要性更新,当机器人的实际分布与提议分布距离较远或实际分布较尖(获得准确的定位信息)时,大量的粒子会分布于实际分布外。

为解决 MCL 的早熟问题,Milstein 等提出了基于聚类的 MCL 方法,这种算法将采样分成不同的类,并通过保持各个类的采样数不变而防止采样聚于某个局部区域,但是这种方法失去了将主要的计算集中于系统状态最有可能区域的优点。Luo 等利用协同进化自适应粒子滤波器(coevolutionary adaptive particle filter,CEAPF)解决 MCL 的早熟问题,但是对粒子退化问题并没有做进一步的探讨。Thrun 等将似然函数也作为提议分布的一部分,提出了混合形式的提议分布。这种方法尽管有效解决了粒子的退化问题,却大大增加了采样阶段的计算量。为减少定位所需的粒子数,Fox 提出了自适应粒子滤波器,根据系统状态的不确定性自适应地调整采样数,但是这种方法更容易产生早熟现象。

③ 基于多假设跟踪的定位方法。Jensfelt 等提出了一种基于多假设跟踪的机器人定位方法。这种方法对机器人最有可能的几个状态进行跟踪,并利用卡尔曼滤波器更新各个假设的可能性。与前两种方法相比,其可以在一定程度上进一步减少计算量。但是由于只对少数几个假设进行跟踪,因此其定位精度与稳定性要比前两种方法差。

④ 基于扫描匹配的定位方法。为解决全局定位问题,一些研究者提出了多种扫描匹配方法,这些方法可以分为两类:顺序扫描匹配和全局扫描匹配。

a. 顺序扫描匹配。顺序扫描匹配在获取里程计的基础上对相邻的扫描进行匹配比较,通过迭代搜索最优匹配,使两个扫描之间的匹配误差最小。例如,最近迭代点匹配(iterative closest point,ICP)将扫描匹配点对之间差的平方和作为优化函数,使它们的匹配误差最小;双迭代对应匹配(iterative dual correspondence,IDC)通过采用最近点规则和范围匹配规则在实际扫描和参考扫描中寻找对应点对,分别对平移量和旋转量的距离平方和进行搜索,增强了ICP 的优化效率。张鸿实等将有拒绝的随机抽样和 ICP 算法结合起来,采用粗、精对准时使用不同的评价函数,利用最小二乘法对多视点之间的运动参数进行估计,有效地提高了 ICP 算法的收敛性和鲁棒性。

b. 全局扫描匹配。属于全局扫描匹配的 CCF 法分别使用匹配点对的角度直方图和 X、Y 轴的直方图之间的关联来完成两个扫描之间的匹配,具有较快的匹配速度。LineMatch 算法主要通过提取扫描特征线与先验地图中的线段匹配。锚点相关性算法(anchor point relationships,APR)把从扫描中提取的拐点或交叉点作为锚点进行扫描匹配。Tomono 等使用 2-D Euclidean 符号差不变搜索匹配点对,避免了特征提取过程,算法简单,且具有较好的鲁棒性,适用于非多边形环境下的全局扫描。

无论是顺序扫描匹配还是全局扫描匹配,都是基于空间域的匹配,生成地图时都需处理大量的传感数据,因此都不同程度地存在着较低的鲁棒性、较高的复杂性和较大的噪声误差等缺点。为克服这些问题,Aboshosha 等将一些模式匹配算法应用到机器人自定位中,采用特征压缩提取的方法,使用离散余弦变换(discrete cosine transform,DCT)和哈尔小波变换(Haar wavelet transform,HWT)对激光信号进行压缩匹配,可以实时解决移动机器人的定位问题。

2. 基于地图的全局路径规划方法

在已知环境中,导航问题转化为全局路径规划问题。在全局路径规划中,机器人拥有完整而精确的环境信息,可以利用各种优化算法搜索最优路径。由于需要考虑整个环境的信息,因此全局路径规划的计算量较大,大部分方法采用离线工作方式。全局路径规划常用的方法主要有以下几种。

(1)环境分割法。环境分割法采用预先定义的基本形状构造自由空间,并将这些基本单元及它们之间的联系组成一个连通图,然后运用图搜索方法搜索路径,其代表方法有自由空间法和栅格解耦法。为简化问题,自由空间法通常采用构形空间(configuration space)来描述机器人及其周围的环境。这种方法将环境中的障碍物按机器人半径相应地扩大,从而将机器人缩小成点。栅格解耦法是目前研究最广泛的路径规划方法。该方法将机器人的工作空间解耦为多个简单的区域,一般称为栅格。由这些栅格构成了一个连通图,在这个连通图上搜索一条从起始栅格到目标栅格的路径,这条路径是用栅格的序号来表示的。

(2)可视图法。该方法适用于环境中的障碍物是多边形的情况。首先把机器人看成一个点,将机器人、目标点和多边形障碍物的各顶点进行组合连接,要求机器人与障碍物各顶点之间、目标点与障碍物各顶点之间及各障碍物顶点与顶点之间的连线均不能穿越障碍物,即直线是可视的;然后搜索最优路径的问题就转化为从起始点到目标点经过这些可视直线的最短距离问题。可视图法能够求得最短路径,但是缺乏灵活性,且存在组合爆炸问题,在大规模环境下路径规划实时性较差。

(3)图搜索法。该方法中的路径图由捕捉到的存在于机器人一维网络曲线(路径图)自由空间中的节点组成。建立起来的路径图可以看作一系列的标准路径,而路径的初始状态与目标状态同路径图中的点相对应,这样路径规划问题就演变为在这些点间搜索路径的问题。通过起始点和目标点及障碍物的顶点在内的一系列点来构造可视图。连接这些点,使某点与其周围的某个可视点相连,即使相连接的两点间不存在障碍物或边界,然后机器人沿着这些点在图中搜索最优路径。

(4)人工势场法(artificial potential field,APF)。传统的人工势场法把移动机器人在环境中的运动视为一种在抽象的人造受力场中的运动,目标点对移动机器人产生"引力",障碍物对移动机器人产生"斥力",机器人在合力的作用下不断避开障碍,趋向目标。人工势场法的显著优点是计算量小,具有很高的实时性。但由于人工势场法把所有信息压缩为单个合力,因此就存在把有关障碍物分布的有价值信息抛弃的缺陷,且易于陷入局部最小值。国内外学者针对该方法的固有缺陷进行了研究,并提出了很多改进方案。

(5) 遗传算法(genetic algorithms,GA)。遗传算法是在模拟达尔文的进化论和孟德尔的遗传学理论基础上产生和发展起来的一种优化问题求解的随机化搜索方法,具备良好的全局搜索能力、信息处理的隐并行性、鲁棒性和可规模化等优良性能。基于遗传算法的路径规划方法由于整体搜索策略和优化计算不依赖于梯度信息,因此更容易搜索到最优路径。该方法在静态环境、精确的地图和精确的路径跟踪下能获得较好的路径规划效果。但当环境发生局部改变或存在动态障碍物时,全局路径需要实时更新,遗传算法的全局收敛时间将会影响路径规划的结果,这是该方法未在实际机器人自主导航中得到广泛应用的原因。

1.2.4 未知环境下的自主导航技术

在未知环境中,国内外学者重点对地图创建、定位和路径规划这三个要素进行了研究。地图创建、定位和路径规划的关系如图 1.1 所示。显然,任何一个要素都与其他要素密切相关。

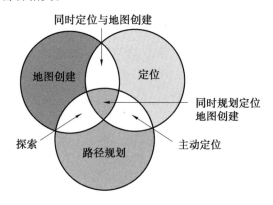

图 1.1 地图创建、定位和路径规划的关系

在未知环境下,定位与地图创建的关系属于典型的"蛋一鸡"的关系:机器人的精确定位需要借助当前传感器信息与地图信息的数据关联;而精确地图的创建又需要机器人知道自己在世界坐标系的位置和姿态,以便于把传感器的当前信息添加到已有的局部地图中。因此,定位与地图创建的关联具体表现为同时定位与地图生成问题(simultaneous localization and mapping,SLAM)。

地图创建与路径规划的关联具体表现为探索问题。探索的目的是尽可能快地搜索目标或把未知环境转变为已知环境。探索中路径规划的作用是通过选择合适的策略,尽可能快地覆盖整个可行域并创建一定精度的地图。因此,在探索中地图创建的精确性和实时性是必须权衡的一对矛盾。

探索尽管也包含了地图创建的内容,但是与 SLAM 有着很大的区别:对于SLAM,如何实现尽可能精确的定位和创建尽可能精确的地图是其终极目标;而对于探索,地图创建只是其中间环节,尽可能快地覆盖整个工作环境才是最终目的。考虑到实际的应用,如在未知环境下的火灾救援机器人,其最终的目的是尽可能快地搜索每一个可行的区域,搜救效率的一点点提高就可能挽回无可估量的损失。在这种情况下,地图创建的作用只是防止机器人对已经访问的区域再次搜索,因此环境表示和策略的选择对探索效率的影响是本章探索研究的主要内容。

定位与路径规划的关系在不同的环境中也有所不同:在已知环境下,定位是路径规划的前提,而路径规划对于定位的作用则很少有人研究;在未知环境下,由于传感器信息和地图信息的不确定性,因此机器人需要运动到特定的地点或感知特定地点的信息以获取更为丰富的定位信息,提高定位精度。这种利用路径规划改善定位的研究称为主动定位方法。主动定位包括主动导航和主动感知。其中,主动导航研究"下一步去什么地方?"的问题,而主动感知研究"下一步看什么地方?"的问题。在主动导航方面,Kuipers 使用预演程序(rehearsal procedure)检查某一区域是否已被访问;Kleinberg 在假设传感器理想的情况下把主动定位描述为关键运动方向的确定问题;Kaelbling 等首先把主动定位建模为部分可观马尔可夫决策过程(partially observable Markov decision process,POMDP),这种方法能在机器人定位不是很准确的情况下产生向目标区域运动的最优策略,然后利用最小期望熵改善机器人的定位性能。尽管上述方法具有运算效率高的优点,然而其贪心算法有可能会在实际应用中成为寻找高效解决方案的障碍。例如,当机器人需要移动到一个较远的特征来改善定位时,贪心单步熵最小方法无法使机器人运动到该位置。主动感知可以分为主动视觉和主动传感器技术,目前应用较多的是主动视觉。对于非视觉传感器,如超声波、激光,数据一般按顺序输入,当机器人的信息处理能力不是很差时,优先选择某一传感器工作并不会明显改善定位的性能。

1. 同时定位与地图生成

SLAM 的基本思想是在利用机器人的位姿和传感器当前信息创建地图的过程中同时利用已经创建的地图进行机器人的定位(图 1.2)。

与在地图创建过程中不进行机器人定位的地图创建方法相比,SLAM 可以利用已创建的地图校正里程计的误差。这样,机器人的位姿误差就不会随着机

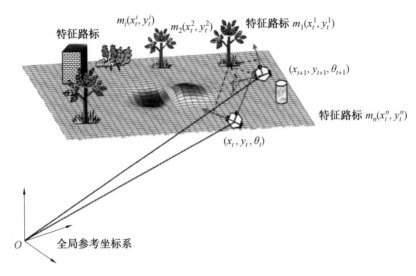

特征路标 $m_i(x_t^i, y_t^i)$ $m_2(x_t^2, y_t^2)$ 特征路标 $m_1(x_t^1, y_t^1)$

$(x_{t+1}, y_{t+1}, \theta_{t+1})$

特征路标 $m_n(x_t^n, y_t^n)$

(x_t, y_t, θ_t)

O 全局参考坐标系

图 1.2 SLAM 示意图

器人运动距离的增大而无限制增长,因此可以创建精度更高的地图。SLAM 也同时解决了未知环境中的机器人定位问题。以前在未知环境中进行机器人定位时基本上完全依靠里程计,当机器人运动一段距离之后,由于里程计误差的无上限性,因此机器人的位姿就会很不可靠,而采用 SLAM 可以获得准确的机器人位姿信息。

在 SLAM 中,系统的状态由机器人的位姿和地图信息组成。假设系统的运动模型和观测模型是带高斯噪声的线性模型,系统的状态服从高斯分布,则 SLAM 可以采用卡尔曼滤波器来实现。基于卡尔曼滤波器的 SLAM 包括系统状态预测和更新两步,同时还需要进行地图信息的管理,如新特征标志的加入与已有特征标志的删除等。卡尔曼滤波器假设系统是线性系统,但实际上机器人的运动模型与观测模型是非线性的。因此,通常采用扩展卡尔曼滤波器克服系统的不确定性,扩展卡尔曼滤波器通过一阶泰勒展开来近似表示非线性模型。卡尔曼滤波器已经成为实现 SLAM 的基本方法,其协方差矩阵包含了机器人的位置和地图的不确定信息。当机器人连续地观测环境中的特征标志时,协方差矩阵任何子矩阵的行列式单调递减。从理论上讲,当观测次数趋向于无穷时,每个特征标志的协方差只与机器人起始位置的协方差有关。卡尔曼滤波器的时间复杂度是 $O(n^3)$,由于每一时刻机器人只能观测到少数的几个特征标志,因此基于卡尔曼滤波器的 SLAM 的时间复杂度可以优化为 $O(n^2)$,n 表示地图中的特征标志数。尽管基于 EKF 的 SLAM 方法能够在线估计航标地图和机器人位姿的完全后验分布,但是它的主要缺点不仅表现为假设机器人运动模型和感知模型的噪声都是单模态高斯白噪声,而且其计算复杂度与特征数的二次方成正比,这就限制了基于 EKF 的 SLAM 方法在室外大环境地图生成中的应用。

　　Guivant 等提出了一种没有任何信息丢失的基于压缩扩展卡尔曼滤波器 (compressed extended Kalman filter，CEKF) 的 SLAM 优化算法，其能有效减少 SLAM 的计算量。基于扩展信息滤波器 (extended information filter，EIF) 的 SLAM 是 EKF 基于信息的表达形式，它们的区别在于表示信息的形式不一样。EIF 采用协方差矩阵的逆矩阵来表征 SLAM 中的不确定信息，并称之为信息矩阵。两个不相关的信息矩阵的融合可以简单地表示为两个矩阵相加。信息矩阵中每个非对角线上的元素表示机器人与特征标志之间或特征标志与特征标志之间的一种约束关系，这些约束关系可以通过系统状态的信息矩阵与新的观测信息矩阵的相加进行更新。由于观测信息只包括机器人与当前观测到的特征标志之间的约束关系，因此两个信息矩阵相加只对约束关系进行局部更新。这种局部更新使得信息矩阵近似于稀疏矩阵，对其进行稀疏化产生的误差很小。根据这一点，Thrun 等提出了一种基于稀疏信息滤波器 (sparse extended information filter，SEIF) 的 SLAM 方法，并证明利用稀疏的信息矩阵实现 SLAM 的时间复杂度是 $O(1)$。

　　此外，Thrun 等提出了基于期望最大 (expectation maximization，EM) 算法的 SLAM 方法。他们将 SLAM 分为两步进行：首先在已经创建的地图中进行机器人的位姿估计，然后采用 EM 算法在已经给定的机器人位姿条件下创建地图。由于 EM 算法能够很好地完成特征之间的匹配，因此采用 EM 算法可以实现大规模环境的地图创建。

　　基于视觉信息的同时定位与地图创建 (vSLAM) 和基于 Rao-Blackwellized 粒子滤波器的快速同时定位与地图创建 (fastSLAM) 是同时定位与地图生成方法的两个典型代表。这两种方法利用不同的传感器信息，通过因式分解的方法降低算法的复杂度，提高了 SLAM 方法的实时性，使之能够应用于实际机器人的导航。这两种方法将会在下一节进行详细介绍。

　　2007 年以后，随着计算能力的飞速提升，更多的研究者开始对获取环境信息更加丰富、成本更低的 vSLAM 进行研究。相比于普通的单目、双目相机，目前流行的 RGBD 相机可以同时获取彩色图像和图像像素点的深度信息，有效地简化了 SLAM 算法的复杂度，更适合室内小范围场景下工作的服务机器人。目前，RGBD 相机包含微软 Kinect、华硕 Xtion、奥比中光、英特尔 RealSense 等产品，主要应用于骨骼跟踪、手势识别、空间测绘、三维重建、地图重建、自主导航、增强现实及一些人脸相关技术。

　　2007 年，Davison 等提出的 MonoSLAM 系统是首个应用单目视觉实现在线运行的 SLAM 系统。MonoSLAM 追踪的稀疏特征点以椭球形显示，并采用早期的 EKF 方式对特征点的位置不确定度进行优化，减少椭球形长轴的大小。同年，

Klein 等提出的并行跟踪与地图创建(parallel tracking and mapping,PTAM)系统首次将跟踪和建图的实现过程分解为前端和后端两个并行运行的线程,保证了前端跟踪的实时性,并在后端首次通过关键帧机制引入非线性优化。2015 年,Mur-Artal 等提出的基于尺度不变特征变换的同时定位与地图创建(oriented FAST and rotated BRIEF — simultaneous localization and mapping,ORB — SLAM)系统沿用了 PTAM 的前后端双线程,并增加了回环检测和全局 BA 线程,利用词袋模型和 7 自由度(dof)位姿图优化算法,消除在重新访问已建立的地图时产生的累积误差,取得了当时最佳的跟踪和建图性能。2017 年,Mur-Artal 等提出的 ORB — SLAM2 系统新增加了双目、RGBD 等相机传感器,并重新优化了系统架构,提高了代码的可阅读性。随后,Campos 等提出了新的 ORB — SLAM3 系统,增加了鱼眼、针孔相机的支持,实现了视觉与惯性导航信息的高度融合,并实现了多地图复用,在目前已开源的众多 SLAM 系统中具有最优的综合表现。

2. 未知环境下的局部避障方法

当机器人在未知环境或部分未知环境探索时,由于缺乏环境地图,因此只能依靠传感器获取周围障碍物的信息,所以局部路径规划方法是一种基于传感器信息的局部避障方法。由于在实际应用中大部分环境为动态环境,因此局部路径规划在已知环境中同样发挥着重要的作用。首先,环境的局部改变可能使在全局路径规划中生成的最优路径变成不可行路径;其次,实际的机器人是具有大延迟的非线性系统,无法保证机器人能严格地跟踪最优路径;最后,环境地图的不确定性使最优的路径难以跟踪。因此,与全局路径规划相比,局部路径规划在未知环境探索和地图创建中发挥着无可替代的作用。局部路径规划常用的方法主要有以下几种。

(1)人工势场法。人工势场法同样可以应用于机器人的局部路径规划。为克服人工势场法容易陷入局部最小的缺陷,国内外学者提出了很多改进的方案,如当机器人陷入震荡时外加虚拟力,或采用沿墙走策略。但是当机器人在大规模环境下探索时,可能存在很多局部陷阱,导致机器人无法到达目标点。

(2)神经网络法。由于机器人避障没有明显的规则和难以进行事件分类,因此可以让神经网络通过大量的实例学习来掌握。因为不需要迭代,所以采用前向网络学习算法来学习避障行为时速度很快,但是神经网络中的权值设定非常困难。

(3)模糊推理法。基于模糊推理的路径规划方法参考人的驾驶经验,通过查表的方法实现实时机器人避障。这种方法通过移动机器人上装配的感应器来分辨障碍物,克服了其他方法的缺点,在动态变化的未知环境中能够进行实时规划。该方法最大的优点是实时性非常好,但是模糊隶属函数的设计和模糊控制规则的制定主要依靠人的经验,如何得到最优的隶属函数及控制规则是该方法最大的问题。近年来,一些学者引入神经网络技术,提出一种模糊神经网络控制的方法,其效果较好,但复杂度太高。

(4) 向量场矩形法(vector field histogram,VFH)。为克服人工势场法的一些缺点,Borenstein 等提出了 VFH 算法,仍然使用栅格表示环境,并使用两级数据简化技术,由 VFH 算法控制机器人在实时探测未知障碍物和避障的同时,也能够驱动机器人转向目标点的运动,结果表现出良好的性能。该算法的优点之一就是具有较快的速度,比较适合于短距离的避障。

(5) 速度空间寻优方法。速度空间寻优方法把机器人的动力学模型考虑在内,借此选择合适的线速度与角速度。曲率 — 速率法(curvature velocity method,CVM)将局部避障问题描述为一种在速度空间中的约束优化问题。机器人把满足所有约束并且使目标函数最大化作为选择速度指令的依据。与其他算法相比,CVM 具有更强的实时性,轨迹更加平滑,安全性更强。然而,该算法有时会错过一些通往目标的通道,而且与障碍物过于接近。为克服 CVM 的不足,Ko 和 Fernandez 分别提出了巷道 — 曲率法(lane curvature method,LCM)和扇区 — 曲率法(beam curvature method,BCM),取得了很好的避障效果。

1.3　地图创建

在完全未知的环境中,由机器人自主地依靠自身携带的传感器提供的信息建立环境模型是自主导航研究中的一个热点问题。在未知环境中,机器人缺乏环境的先验知识,所以地图创建的过程本身也就是机器人认知环境的过程。由于传感器信息的不确定性,因此在地图创建过程中需要重点考虑环境表示、不确定信息描述及数据关联等问题。

环境信息在机器人自主导航中占据着举足轻重的位置,拥有精确和全局一致的环境表示一直是许多研究者关注的热点。

目前,移动机器人的环境描述方法大致可分为四类:度量地图(metric map)、拓扑地图(topological map)、度量 — 拓扑混合地图(metric — topological hybrid map)和认知地图(cognitive map)。

特征地图是一种较有争议的环境表示方法,在近几年来开始得到广泛的应用。特征地图属于度量地图还是拓扑地图应取决于特征的表示方法和机器人定位结果的表示方法。在度量地图中,特征(或陆标)通常用世界坐标系的某一精确坐标来表示;而在拓扑地图中,特征则归属某一节点或特定的地点。如果拓

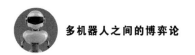

扑地图的每一节点都与某一特征相关联,则其本身也是一种特征地图。

1.3.1 度量地图

度量地图按照距离描述世界,地图中的距离对应实际世界中的距离。度量地图的典型例子有城市的比例地图和建筑物的 CAD 图等。对移动机器人来说,可以度量机器人到墙或门的距离等,因此度量地图应用在需要准确度量信息的场合,如准确的自定位和优化的路径规划。度量地图又可分为栅格地图和几何地图两种。

(1)栅格地图。基于栅格的地图表示方法由 Moravec 和 Elfes 提出,在移动机器人的地图创建中应用最为广泛。它的原理是将整个环境分成若干大小相同的栅格,每一栅格代表环境的一部分,并包含一个表示该单元格被占据可能性的概率值。栅格地图如图 1.3 所示。

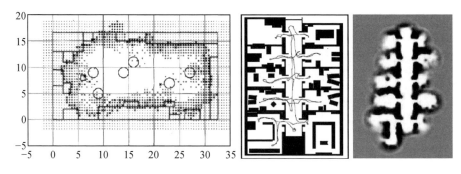

图 1.3　栅格地图

栅格地图易于创建和维护,对某个栅格的感知信息可以直接对应环境中的某个区域,特别适于处理声呐测量数据。但是,环境空间的分辨率与栅格尺寸的大小有关,增加分辨率将要增加运算的时间和空间复杂度。

(2)几何地图。基于几何信息的地图表示方法是指机器人收集对环境的感知信息,从中提取更为抽象的几何特征,如线段或曲线,使用这些几何信息描述环境。这种表示方法更为紧凑,且便于位置估计和目标识别。也有些方法提取的几何特征更为形象化,将环境定义为面、角、边的集合或者墙、走廊、门、房间等。几何信息的提取需要对感知信息进行额外的处理,且需要一定数量的感知数据才能得到结果,并且几何地图所提取特征对传感器的误差和环境的不确定性比较敏感。

1.3.2 拓扑地图

拓扑地图(topological map)按照环境的结构创建地图,通常用图来表示,图的节点表示环境中的重要地方(室内环境中,如房间、走廊等),图的边表示这些节点之间的连接关系(如过道等),因此拓扑地图描述了环境的结构,可以表示为图 1.4 所示的连接图。图中节点之间的连通性对应实际世界中两个位置之间是否存在通路。拓扑图把环境表示为一张线图,忽略了具体的度量信息,不必精确表示不同节点间的地理位置关系,图形抽象,表示方便。当机器人离开一个节点时,机器人只需知道它正在哪一条边上行走即可。在一般的办公环境中,走廊的岔道处成 90°,因此只有四个方向需要识别,这通常应用里程计即可实现机器人的定位。为应用拓扑图进行定位,机器人必须能识别节点。因此,节点要求具有明显可区分和识别的标识、信标或特征,并应用相关传感器进行识别。拓扑图易于扩展,但很难精确可靠地识别位置。

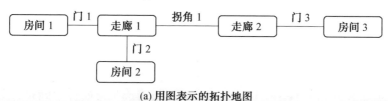

(a) 用图表示的拓扑地图

(b) 房间1　　　　　　　(c) 走廊1　　　　　　　(d) 门2

图 1.4　拓扑地图

1.3.3　度量 - 拓扑混合地图

Alberto 为更好地表示环境模型,加入度量信息来补偿拓扑信息,这样的地图表示方法既具有拓扑地图的高效性,又具有度量地图的一致性和精确性。混合地图的应用一般采用分层结构:首先利用上层的拓扑地图实现粗略的全局路径规划,然后利用底层的度量地图实现精确的定位并优化生成的路径。

混合地图的思想最早出现在 20 世纪七八十年代的文献中,但直到最近才引起越来越多研究者的注意,成为机器人领域的一个研究热点。最容易理解的混合地图是由 Kuipers 提出的,其源头可以追溯到他在 20 世纪 70 年代关于空间知识推理能力和认知地图的研究,空间知识在语义层(spatial semantic hierarchy, SSH) 中被表示,并且包含拓扑地图和度量地图层。SSH 是许多研究方向的基础,如 Kuipers 等提到拓扑层中的节点用不同的测量创建,每一个节点都有嵌入的度量信息,因此度量地图可以在拓扑地图创建完毕时创建。目前 SSH 已经得

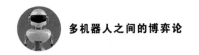

到了不断的改进和发展。

有的混合地图采用小的特征地图与简单拓扑图连接的方式,这种结构主要考虑的是特征地图的大小方便、适中,拓扑图仅起连接这些度量地图的作用,并不对应环境结构。在此基础上,有的研究者对拓扑图进行了扩展,使其包含对应环境结构的节点,如 Tomatis 提出的拓扑节点对应房间或者走廊的通路,每一个房间有一个相关的度量地图,拓扑边包含在两个节点之间被探测到的路标信息。Lisien 提出了一种面向 SLAM、导航和探测的度量一拓扑混合地图,即分层 Atlas(the hierarchical Atlas)。其中,拓扑图基于简化的 Voronoi 图创建,拓扑图的节点对应走廊的交叉口等地方,并且度量地图采用特征地图。Yamauchi 提出了一种混合地图,其中的拓扑图较为复杂,节点并不对应环境结构,而是指没有被障碍物占有的空闲区域。

1.3.4 认知地图

认知科学(cognitive science)定义为研究思维或智力的科学研究。实际上,认知科学重在其跨学科性。它被认为包含心理学(特别是认知心理学)、语言学、神经科学、人工智能(尤其是神经网络方面的研究)和哲学(特别是思维哲学、数学哲学及科学哲学的一些应用)等学科。

人类以高层信息如物体、状态和描述等形式感知环境,既直观又有效。由此可见,一个认知空间描述方法需要能够编码这些信息。Shrihari 受到人类环境认知的启发,致力于以通过描述家庭中物体和门来创建这样的认知空间描述,他也尝试以这种描述形式建立认知环境的上下文信息。

认知地图最早由 Tolman 引入。此后,许多研究工作在认知心理、AI、机器人领域展开来理解和概念化实现认知地图。Kuipers 提出了一个概念认知地图,他认为存在五种不同的信息:拓扑信息(topological information)、度量信息(metric information)、路径信息(routes information)、固定特征信息(fixed features information)和观测信息(observations information)。每一种信息都有自己的描述形式。最近,Yeap 等解释早期认知地图现象,他们把认知地图的描述形式分为基于空间的和基于物体的两类。

在 Yeap 的认知地图中,ASR(absolute space representation)代表绝对空间的一个描述;MFIS(memory for one's immediate surroundings)代表机器人周围直接环境的地图,它包含使用全局坐标描述的 ASR。因此,MFIS 是 ASR 的扩展,提供 ASR 的直接环境地图,并且支持 ASR 网络的建立。

Shrihari 建立的是基于物体的认知地图。Shrihari 认为,一个多分辨率的、多目标的、概率的和一致性的统一认知地图创建方法还需要未来的努力。Shrihari 提出的方法可理解为一个工程上的解决方案以用于机器人实现认知地图,他实现的虽然是基于物体的认知地图,但克服了物体地图的不足,即纯粹的物体地图没有空间的概念。

随着机器人变得更加智能,它们更趋向于增加社会性交往。Martinelli 等通过调查得到的结论是:自然语言将发挥重要作用,但目前的研究工作仍然以导航为主要研究目标,很少有研究工作以人为中心展开。随着人机接口 HRI 研究的快速进展,与人类兼容的认知地图研究逐渐引起重视。

1.3.5　多机器人建图

多机器人协作建图主要分为两种形式:离线形式和在线形式。离线形式是指多机器人离线地图融合,即当所有机器人建图完毕并结束行动后,系统将所有机器人生成的地图通过地图融合算法合并成一个完整的全局地图。显然,离线形式缺少机器人之间的协作,导致机器人之间不能通过交互来进行全局的位姿估计及地图点的优化,也就很难保证生成全局一致的地图。相比之下,由于在线形式存在机器人之间的交流,因此机器人可以根据全局状态来进行自主决策,可以最大限度地发挥多机器人系统的优势,在线的多机器人协作建图包括在线地图融合、协作子地图优化、协作地图表示等方面。

多机器人系统每个机器人生成的局部子地图不可避免地会产生误差或者地图之间的重叠部分,利用重叠部分减少机器人的建图误差是许多该类型研究的重点。Surmann 等提出了一种在灾区环境下建立多异构机器人协作一致性三维地图的方法,该方法可以将无人机和地面机器人的传感器流融合在一张全局一致的地图上。首先由无人机飞往灾区并利用相机数据来生成三维点云,这些点云可以与后续达到的无人车辆上二维激光扫描仪生成的点云融合,进行基于融合后的点云地图全局优化,最终达到除点云的结构信息外,并不需要进一步的信息来进行系统中的机器人定位的效果。Deutsch 等介绍了一种实时多机器人协作建图的软件框架,该框架的优势在于只要它们提供一个包含与每个节点相关联的图像的姿势图,系统中的机器人视觉建图算法就可以是异构的。姿势图的合并全部基于视觉,不需要定义明确的机器人初始位置或环境标记。苑全德等提出了一种基于改进的 fastSLAM 的多机器人协作视觉建图方法,系统中每个机器人都可以进行独立的建图,通过自定义的交互协议获得其他机器人对环境的观测结果,并将其与子地图进行拼接,在融合时即时与其他机器人保持通信以分享地图信息。这种方式大幅降低了构建地图的时间复杂度。Forster 等也提出了一种基于 fastSLAM 的多机器人在线地图融合算法。机器人可以利用视觉传感器来观察彼此和非唯一的地标,并通过传播不确定性来合并地图,同时利用机器学习算法对有监督数据的噪声参数进行校准。Wu 等提出了基于突出路标的一种室内多机器人协作修正子地图算法,并且提出了一种基于重复地标和地图交汇点的融合算法来提高协作建图的精度和可靠性。

前面涉及的几种在线地图融合方法中的机器人单独的子地图生成均是独立的,而另一种研究的思路是基于机器人的多种传感器信息在全局地图融合的过程中对子地图进行修正。Forster 首次实现应用到未知环境下多微型飞行器协同定位与测绘中的协作单目 SLAM 的框架。地面站为每个机器人创建一个单独的地图,并在检测到重叠时将它们合并在一起,这使得机器人可以在一个通用的全局坐标系中表达它们的位置,同时系统允许多个线程同时读取和修改同一子地图的数据来保证其实时性。Schmack 等提出了一种集中式的架构,以多个小型无人机作为智能体,实现单目协作 SLAM。每个无人机能够独立地探索运行具有有限内存的 SLAM 环境,同时将收集到的所有信息发送到一个中央服务器,服务器管理所有智能体的地图,同时触发全局闭环检测、地图融合、后端优化等功能,并将信息传输回无人机,允许无人机将来自其的观察结果纳入其飞行中的 SLAM 过程中。Moratuwage 等提出了一种多机器人系统主动探索算法,系统中一旦两个机器人能够看到对方,就可以初始化联系,同时保持联系来交流新获得的信息。机器人可以确定它们与其他机器人已经绘制的空间区域,并且贪婪地探索未绘制的区域。Atanasov 等提出了一种多机器人系统多传感器主动信息获取机制,该机制能够主动捕获场景的共同特征,并且利用一个非贪婪的集中式解决方案来设计传感器控制策略,使位姿估计的熵最小化,计算速度相比于非线性优化模型块来说更快。

此外,一些研究的重点在于对多机器人地图表示方法的优化及对如何利用全局地图进行探索。Milford 集成开发了多移动机器人导航控制系统和机器人 SLAM 系统,集成系统将控制系统与 SLAM 系统紧密耦合,利用 SLAM 系统的地图学习和定位能力,采用高、低水平反应控制过程相结合的方式进行避障、探测、全局导航。Koch 等描述了一种适用于多个移动机器人的二维方法,该方法利用二维激光雷达传感器的数据建立基于符号距离函数的动态表示,多线程软件体系结构通过并行地执行数据集成来对多机器人进行位姿估计并消除漂移误差。Lazaro 等将重点放在了解决影响多机器人系统在协作 SLAM 过程中的通信和计算问题上,利用特定的压缩的测量值在机器人之间交换地图信息,这些测量可以有效地压缩少量数据中地图的相关部分,使建图过程中要传输和处理的数据大大减少,牺牲了精度上的少许损失,从而使系统更加健壮和高效。Zhou 等提出了一种新的多机器人地图对齐方法,使机器人团队能够在位置相对位姿的情况下建立联合地图,该方法的特点是可以根据地图重叠的情况来优化地图对齐的方法,使用 KD 树来表示原始地图中的地标,最终形成一个全局一致的地图。

1.4 基于多机器人协作的路径探索综述

1.4.1 协作探索的定义

协作探索是指由多个机器人共同探索未知环境,机器人通过信息交换彼此共享对方的环境信息,并通过任务分配机制协调不同机器人之间的行为,从而提高探索任务完成的效率。多机器人协作探索的目的取决于其实际的应用。在大部分情况下,地图创建和信息融合只是协作探索的中间环节,通过多任务分配机制提高探索的效率才是其最终目的。其原因非常简单,如果探索目的只是创建精确的环境地图而忽略了地图创建的效率,则由单个机器人完成地图创建功能比由多个机器人协作地图创建要简单得多。

利用多个移动机器人协作探索未知环境与单机器人探索相比具有明显的优势:多机器人系统需要更短的时间去完成同样的任务;多机器人之间的信息冗余有助于克服传感器信息的不确定性,实现机器人更加精确的定位,创建更加精确的地图;多机器人系统的容错性使单个机器人的功能丧失,但不会影响整个任务的完成。

1.4.2 协作探索的国内外研究现状

国内外学者重点从两个方面对多机器人协作探索进行了研究,即目标点选取和多任务分配。目标点选取与地图的表示形式息息相关,本章从地图的角度出发,研究地图对协作探索效率的影响;多任务分配即如何选择合适的探索策略,是协作探索的核心所在。

Yamauchi 提出了一种分布式、异步式多机器人探索方法,该方法引入了边界(frontier)的概念,把边界定义为已探索区域和未探索区域的交界。每一个机器人都把离自己最近的边界作为下一个目标点。显然,这种方法具有很强的容错性,某个机器人的失效并不会影响整体探索效率。然而,这种方法缺乏机器人之间的协作,可能出现多个机器人访问同一地点的情况,所以效率不高。

Parker 设计了一种分布式、基于行为的 ALLIANCE 结构,该结构对每一个机器人的动机进行数学建模并依此选择机器人的动作。在每一个循环,所有的任务按照机器人的有用性进行重新分配。

Simmons 等提出了一种准分布式多机器人协作探索方法,该方法需要一个中枢智能体对所有其他机器人的投标(bidding)做出评估,使多机器人系统在花费最少或移动距离最短的情况下获得最大的信息增益。Fujimura 和 Singh 使用由异构机器人组成的分布式多机器人系统获取环境的地图信息。当机器人发现自己无法进入的未知区域时，会根据未扫描区域的数量、机器人的尺寸和机器人与待扫描区域的距离选择具备该能力的机器人完成任务。然而，该方法没有对探索效率进行研究。

Zlot 等提出了一种基于市场经济的多机器人协作探索方法，仍然继承了 Simmons 等提出的投标协议。该方法采用谈判（negotiation）机制改善探索的可靠性、鲁棒性和效率，然而目标点产生效率明显不如基于边界的方法，而且谈判过程也比较复杂。

Gerkey 和 Mataric 在他们的 MURDOCH 系统中提出了一种基于拍卖（auction）机制的多机器人协作方法。充当"拍卖人"的智能体与 Simmons 等提出的中枢智能体的功能比较接近。

Berhault 等研究了如何使用组合拍卖（combinatorial auction）的方式对机器人提出的任务束进行分配。他们提出了不同的组合拍卖策略，并对不同策略的性能差异进行了比较。仿真实验证明，组合拍卖与单项拍卖和最优的集中式控制结构相比，能够取得更好的任务分配效果。

张飞等针对提高机器人对未知环境的探索效率需要通过协商来解决多个机器人之间的任务分配问题，提出了改进市场法。该方法利用机器人提交的标的信息，采用数据融合方法更新其他机器人的本地地图，在连通条件下计算原先无法计算的花费，而且未增加额外的通信量。另外，他还提出用目标点切换率这一新指标来衡量机器人之间的协作程度，仿真实验结果验证了改进算法的有效性。

1.4.3　协作探索中的关键问题

在多机器人协作探索中，有限带宽和地图拼接是亟待解决的两个关键问题。

（1）有限带宽。

有限带宽限制了机器人之间的信息交互，当传递的信息量较大时容易引起网络堵塞，降低通信的效率。当机器人之间利用点对点方式通信时，单个机器人只能与有效工作半径内的机器人取得联系。有限带宽问题与多机器人系统结构密切相关。从控制的角度来看，多机器人系统可分为集中式（centralized）、分散式（decentralized）和分布式（distributed）三种。

① 集中式控制结构通常由一台主控机器人掌握全部环境信息及各受控机器人的信息，它是一种自上而下的层次控制结构。集中式控制结构的优点在于：系统的协调性较好，实现起来较为直观，但实时性、灵活性、容错性、适应性等方面较差。另外，主控机器人与其他机器人之间还存在通信瓶颈问题，由于主控机器

人承担着主要的通信任务,因此通信堵塞和通信延迟在很大程度上影响机器人协作探索的实际效果,并且主控机器人失效将会导致整个机器人系统的崩溃。

②　在分散式控制结构中,机器人具有高度自治能力,自行处理信息、规划与决策,执行自己的任务,与其他机器人相互通信以协调各自行为而没有任何集中控制单元。这种结构具有较好的容错能力和可扩展性,但对通信要求较高,且多边协商效率较低,无法保证全局目标的实现。

③　分布式控制方式介于上述二者之间,是一种全局上各机器人等同的自主分布式分层而局部集中的结构方式。这种结构方式是分散式的水平交互和集中式的垂直控制相结合的产物,既提高了协调效率,又不影响系统的实时性、动态性、容错性和可扩展性。

通信是机器人之间进行交互和组织的基础。通过通信,多机器人系统中各机器人可以了解其他机器人的意图、动机、目标、动作、策略及当前环境状态等信息,进而有效地协商、协作以完成任务。机器人之间通信大致可以分成隐式通信和显式通信两种。

①　基于隐式通信的多机器人系统通过外界环境和自身传感器来获取所需的信息并实现相互之间的协作,机器人之间没有通过某种共有的规则和方式进行数据和信息交换来实现特定含义的信息传递。隐式通信的优点在于不存在通信瓶颈问题,但由于各机器人相互之间没有数据、信息的显式交换,因此难以实现一些高级的协调协作策略。

②　基于显式通信的多机器人系统利用特定的通信媒介,通过共有的规则和方式实现特定信息的传递,因此可以快速、有效地完成数据、信息的转移和交换,实现许多在隐式通信下无法完成的高级协作策略。多机器人系统的显式通信虽然可以强化机器人之间的协作关系,但也存在以下问题:机器人的通信过程延长了系统对外界环境变化的反应时间;通信带宽的限制使机器人之间信息传递和交换出现瓶颈;随着系统中机器人数量的增加,通信所需时间大量增加,信息传递的瓶颈问题将会更加严重。

(2)　地图拼接。

多机器人协作探索中的地图拼接问题是单机器人地图创建中数据关联的扩展。对于单机器人来说,大部分文献假定机器人的初始位姿已知,换句话说,在未知环境中可以把机器人的初始位姿作为世界坐标系的原点。当机器人重新回到地图中的某一地点时,综合考虑机器人的当前坐标及当前检测到的环境特征,可以实现传感器数据与相应地图数据的关联。

在多机器人系统中,地图拼接却异常困难,其原因在于不同机器人之间的地图融合需要知道其中一个机器人在另外一个机器人局部地图中的相对位姿。Howard 和 Colleagues 利用机器人间的相互检测实现相互定位。这种方法的优点是有益于系统的扩展;缺点是地图拼接后的精度在很大程度上取决于相对定位的精度,并且在大规模环境下,机器人之间有可能经历了很长的探索过程也无法相遇,这就很难保证某一机器人当前所在的区域是否已经被其他机器人访问过了。如果机器人无法检测其他机器人的相对位姿,那么在多机器人探索未知环境时,必须从同一地点出发以获得统一的世界坐标系。

　　Fox 和 Ko 等也使用相对位姿检测的方法融合共享地图,机器人可以从任意地点出发,各自创建自己的局部地图。当检测到其他机器人的信息时,传感器数据相互交互以获得较好的假设,然后采用集结点方法验证这一假设。当假设成立时,机器人可以拼接它们的地图并由此产生协作策略。该方法的优点是不要求机器人从同一地点出发,改善了协作探索的效率;缺点是必须匹配机器人传感器数据与其他机器人的局部地图数据,当环境规模很大时,数据关联的效率在很大程度上取决于地图的表示形式。

　　对于多机器人来说,一种好的地图表示方法不仅要易于创建和维护,而且要方便多个机器人共同完成。度量地图虽然能够提供环境精确的表示,但创建大规模地图需要处理大量的数据,难以保证实时性。尽管近几年来关于度量地图的研究进展使大规模环境的简约表示成为可能,但拓扑地图在大规模地图创建中无疑具有独到的优势,很多学者因此采用混合地图的方式实现不同地图的优势互补。混合地图的生成一般有两种方式:一种方式是用度量信息注释拓扑地图;另一种方式是从度量地图中提取拓扑地图。前者拓扑地图的节点包含了节点插入区域的度量信息,该地图的缺点是计算量较大,通常以离线的方式使用;后者一般采用分割的方法把度量地图分为不同的区域,并且使用的地图通常为栅格地图。

1.5　多机器人追捕问题研究综述

1.5.1　几种典型的多机器人系统

　　基于多机器人的应用研究非常多,比较有影响力的研究系统主要有多机器人路径规划、机器人聚集、合作搬箱问题、多机器人觅食、多机器人环境探索、多机器人队形控制、机器人足球比赛、多机器人追捕问题等。下面对多机器人队形控制、机器人救援和机器人足球比赛进行介绍。

1. 多机器人队形控制

　　机器人队形控制是要求多个机器人在保持预定队形的情况下,自动适应环境的变化,一起到达目标位置的协作行为系统。队形控制在以下多个场景下得到应用:多个机器人保持一定队形协作搬用对象;在军事场合,无人机(unmanned aerial vehicle,UAV)或者地面无人车(unmanned ground vehicle,UGV)保持队形进行防御和进攻。

目前主要有基于行为法、领队跟随法及虚拟结构法三种方法进行队形控制,形成并保持线形、矩形、圆形、三角形、扇形、星形、菱形等系统要求的队形结构。

(1)基于行为法。在基于行为法中,机器人预设很多行为,并且为每种行为定义相应的权值。在行进时,机器人根据传感器获得感知数据,然后建立运动图式,运动图式包括避障、阵形保持、接近目标、漫游等行为,结合人工势场法对机器人的运动进行加权,从而控制机器人的队形。该方法的优点是可以快速响应,形成队形;缺点是非常难保持精确的队形而且容易陷入局部最小陷阱。

(2)领队跟随法。在领队跟随法中,首先从多个机器人中确定一个领队,领队沿着预定的轨迹运动,其他机器人跟随领队运动,并按照队形结构与领队保持一定的距离。该方法的优点是非常形式规则化,且易于实现;缺点是领队作为核心,如果出现运动错误,将导致整个系统失败。

(3)虚拟结构法。在虚拟结构法中,机器人根据要排列的阵形结构,然后构造出一个虚拟的刚体表示该结构,每个机器人用虚拟刚体上的一个点来表示,利用刚体在运动过程中各位置的相对关系一直保持不变的特征,每个机器人只要时刻跟踪虚拟刚体上的目标点,并保持相应的位置,则整个团队会一直保持特定的符合刚体形状的阵形。该方法的优点是构造的阵形稳定,且精度比较高;缺点是计算代价较大,且机器人在运动过程中必须保持固定的运动模式,不能因环境的实际限制而随意修正或者改变阵形,因此其在应用上会受到很大限制。

2. 机器人救援

在不断的地震和火灾灾难发生以后,研究人员开始把救援机器人团队系统列入主要研究对象。目前,机器人救援集中在实体组救援和仿真组救援两种形式上。救援项目的最早目的是将 RoboCup 足球的技术应用于救灾和救援,共有六种智能体:警察、警察局、医疗队、医疗中心、消防员和消防局。由于智能体的开发十分复杂,因此大多数代码是由 RoboCup Rescue 技术委员会的代理开发框架(agent development framework,ADF)提供的,这使得参赛队伍可以集中精力开发自己的算法。除市民智能体外的智能机器人都是需要开发的智能机器人,它们负责清理路障、救助伤员和灭火等。该系统通过模拟现实世界中如地震或者火灾等城市灾难场景,研究在集中和分布式控制任务分配情况下,在有限带宽通信的前提下,如何快速智能地展开环境识别、协作智能调度,从而有效地减少灾难带来的人员和财产损失。

3. 机器人足球比赛

机器人足球比赛较以上系统更为复杂,在队形控制系统和救援系统中,所参与的机器人都是合作的一方,主要研究如何进行智能协作,完成相应任务即可。而在机器人足球比赛中,不仅涉及球队内各智能机器人的协作,而且还包含与对手机器人队伍的实时对抗。该对抗比以前人工智能研究的静态博弈更为复杂。在机器人足球比赛中,首先是利用机器学习等方法学习智能在多变场景下的个体技能,如传球、带球、射门等行为,同时还要学习两个或者多个机器人之间的配合行为,如实时从 10 名队友中选择最佳的接球队员等。正是由于这些特点,因此目前它已经成为人工智能研究的新标准问题。每年的 RoboCup 和 FIRA 世界杯都有世界上包括中、美、德、英、日、韩等 30 多个国家的近千名研究人员参赛。

1.5.2 多机器人追捕问题的研究目标

多机器人追捕问题是研究在特定的环境、能力、感知条件下一群移动机器人(追捕者机器人)独自或者组成追捕联盟去抓捕另一群移动机器人(逃跑者机器人)。追捕问题源于自然界的猎食行为,如群狼捕捉群羊。与机器人足球一样,多机器人追捕系统也是充满合作与对抗的多智能体系统,它是研究多机器人协作与竞争的另一个理想问题。多机器人追捕问题本质上是分布式多机器人系统协作决策问题。在追捕、逃跑过程中,追捕任务需要机器人追捕团队的相互协调与合作才能完成,并且还涉及两个机器人团队之间的竞争与对抗。因此,多机器人追捕问题是研究群体机器人合作与协调策略和对抗策略的一类典型问题,而利用实际机器人构成的多机器人追捕系统更是一个集混合系统理论、导航、控制、计算机视觉、无线通信和多智能体协调等学科于一体的分布式系统。未来战争将是人机共存的高科技战争,为减少人员伤亡,人们希望采用军用机器人团队来代替人类执行诸如战场情报搜索与侦察作业,核、生、化沾染地带的清消作业等,这对未来军用机器人的研制提出了新的要求。从远景来看,多机器人追捕问题的研究目标就在于构建合理、高效、鲁棒的开放式机器人团队合作与协调机制,通过机器人在动态复杂环境中针对当前局势的实时智能决策,机器人团队可以正常有序、经济高效地完成人类赋予的任务。

在利用实际机器人研究追捕问题方面,在美国海军部和空军部资助下,加利福尼亚大学伯克利分校 Sastry 教授开展的伯克利空中机器人研究项目引起了人们的注意。Sastry 研究小组重点研究了在追捕环境区域未知的情况下,由装备了不精确传感器系统的空中无人飞行器(unmanned aerial vehicle,UAV)和地面无人车(unmanned ground vehicle,UGV)组成的机器人追捕团队合作追捕地面逃跑者的概率模型,将地图探索和追捕目标合并为一个问题,在仅知道关于环境的不精确的先验地图的情况下,考虑了传感器获取信息的不确定性,在概率框架下重点研究了多个追捕机器人在追捕目标的同时相互合作创建环境地图。图1.5 所示为加利福尼亚大学伯克利分校开展的由 UGV 和 UAV 组成的混合机器人团队合作追捕实验照片,图1.5(a) 中追捕机器人团队由三辆 UGV 组成,图1.5(b) 中追捕团队包括两台 UGV 和一台 UAV,其中 UAV 为自己的队友传送视觉信息以辅助追捕行动,而本身不直接参与追捕。

(a) 三台UGV追捕实验

(b) 两台UGV和一台UAV的追捕实验

图 1.5　加利福尼亚大学伯克利分校开展的由 UGV 和 UAV 组成的混合机器人团队合作追捕实验照片

多机器人追捕问题的研究重点如下。

(1) 追捕成功条件研究。即在满足约束条件下,追捕机器人可以从理论上实现成功围捕。

(2) 未知环境下的环境搜索与地图拼补技术研究。即研究在采用不同的地图形式下,如何开展对逃跑机器人位置的搜索,并完成多追捕机器人的地图融合,实现完整的地图共享。

(3) 多个追捕者围捕一个逃跑者时的协作追捕算法研究。即研究采用什么算法实现给定指标(给定时间追捕逃跑者最多、抓获所有逃跑者所需的总时间最少、抓获单个逃跑者所需时间最少、总追捕能耗等)下,机器人根据追捕代价等因素开展合作,协同围捕逃跑机器人,从而实现最佳的追捕算法。

(4) 多个追捕者围捕多个逃跑者的追捕算法研究。即研究如何形成追捕联盟,实现追捕按照逃跑者的追捕联盟生成算法,并在联盟内部开展多个追捕者围捕一个逃跑者的围捕算法研究。多机器人在追捕过程中积累了机器学习,追捕过程中各追捕者的动作密切相关、相互影响。为完成追捕任务,追捕者需要合作,并协调各自的动作,避免冲突,以达到整体上的一致与最优。

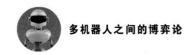

1.5.3　已知环境下的多机器人追捕问题

从学术研究的角度,根据追捕区域是否已知,多机器人追捕问题可以分为已知环境下的追捕问题和未知环境下的追捕问题。已知环境下的多机器人追捕一般侧重于研究对抗双方的策略;而未知环境下的多机器人追捕还涉及对追捕环境的感知与识别并创建有关环境的地图。追捕区域的环境建模主要包括有限图模型、栅格模型及连续区域模型。

1.5.4　未知环境下的多机器人追捕问题

对于环境未知情况下的追捕问题,典型方法是在多机器人追捕目标之前安排先期的地图学习。首先创建关于追捕环境的地图,然后转化为在已知环境下进行。在地图创建阶段,目前采用的多数技术是基于贝叶斯(Bayes)估计,并利用基于扩展的卡尔曼滤波来实现。这些地图创建技术最主要的问题是地图创建的耗费时间长、计算代价高,很难实现在线实时创建地图。在实际应用中,当传感器根据已创建的并不太精确的地图去获取数据时,地图学习将变得更加复杂。

Hespanha 等提出了一种用于控制一群自主智能体追捕一个或数个逃跑者的概率框架。由于追捕者(逃跑者)的运动状态及它们用于感知外界环境的设备需要通过概率模型进行描述,因此这是一类不确定性问题。同时,假设追捕问题是从已经对追捕区域地图具有先验知识开始。Hespanha 的文章提出一种贪心策略,在每个时刻,这种贪心策略指导追捕者到达该时刻逃跑者最大可能出现的位置。在一般假设条件下,这种策略能保证逃跑者在有限的时间内被发现,并且所需期望发现时间也是有限的。Hespanha 在非精确地图上将追捕 — 逃跑问题描述为部分信息马尔可夫博弈,从而将地图学习与追捕行为结合在一起。Hespanha 的文章给出了一种后退水平控制策略,即追捕者(逃跑者)尽力使得在下一时刻捕获概率最大(最小)。由于该概率对于双方来说是截然不同的,因此这是非零和博弈问题。当逃跑者获悉追捕者的信息时,Hespanha 的文章表明一步非零和博弈矩阵总存在 Nash 解,并给出了通过解一个等价的零和博弈矩阵来计算原问题的 Nash 均衡策略的方法。

Vidal 研究了一群由 UAV 和 UGV 组成的追捕团队试图在有界未知环境中去追捕另一群移动的逃跑者,在随机博弈理论框架下处理该问题,把追捕问题与地图创建合并为一个问题,避免了在以往的研究中采用基于最坏情况分析的方法所带来的保守性。Vidal 考虑了两种计算可行的追捕策略,即局部最大策略和全局最大策略,并且证明了对于全局最大策略,依赖于追捕场地大小、追捕者的速度及感知能力的期望捕捉时间存在着上界。为在由 UAV 和 UGV 组成的编队上进行追捕问题研究,Vidal 还提出一种分布式层次化混合式系统结构,该结构将控制任务划分成不同抽象层,其中追捕策略计算、地图创建及智能体之间的相互通信构成了高层的策略与规划层,而低层则由路径规划、导航、调整和感知等功能模块构成。Vidal 还利用期望捕获时间作为评价标准,通过改变逃跑者的速度和智能及追捕者的感知能力,比较了局部最大和全局最大的追捕策略。实验结果表明,全局最大策略要优于局部最大策略,而且全局最大策略更加鲁棒。

  Cao 为实现在未知环境下多移动机器人的围捕,将围捕任务建模为排队、随机搜索、包围、捕捉和预测五种状态,提出了排队、搜索、包围、捕捉、预测和方向优化策略。在此基础上,他还提出了一种基于局部交互的多机器人分布式控制方法。此外,在猎物被捕获界定为看见即捕获时,Rajko 利用一个没有环境地图、缺乏地图创建能力并且具有不完全导航能力的机器人去搜索一个不可预知运动的猎物问题。Cao 给出了 BUG 算法,能够生成确保机器人探测到猎物的运动策略。Li Dongxu 等为研究多机器人追捕多猎物的微分博弈问题(multi-player pursuit evasion differential game,MPPEDG),采用了分层的方法,将复杂的多局中人微分博弈问题分解成一系列较小的易于解决的二人微分博弈问题。

1.6　博弈论概述

1.6.1　经典博弈论概述

  博弈论又称对策论(game theory),是运筹学中的重要学科,也是现代数学的一个新分支。博弈论主要研究具有个体竞争性质的现象,并以公式的形式体现竞争主体之间的相互关系,研究判断并优化其理想行为与实际行为。在多机器人系统中,机器人个体之间存在既竞争又合作的复杂关系,可以将它们看作互相博弈的双方,因此可以考虑在基于博弈论的基础上对多机器人系统进行路径规划。

  与量子博弈论相对,称传统的博弈论为经典博弈论。

  经典博弈可以做如下定义。

  (1) 博弈的参与者(player)。即博弈主体。

  (2) 策略(strategic)。player 可能采取的行为称为策略,个体所有策略称为策略空间(strategic space),集体所有策略称为策略组合(strategic profile)。

  (3) 博弈结果(payoff)。即"收益"。

  在一次有意义的博弈中,每个参与人的收益不仅与自己所采取的策略有关,还要受到其他所有参与者的策略影响,因此可以将博弈结果看作受博弈策略影

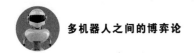

响的函数。这里研究的经典博弈是假定每个参与者都采取最大理性的正确策略,而不会因自身犯错误而影响到自身收益的情形。

纳什均衡又称非合作博弈均衡,是博弈论中最为重要的概念,为博弈论提供了坚实的理论基础,是博弈论走向成熟的标志。1950 年,约翰・纳什发表了《N 人博弈的均衡问题》,文章中首次提出了博弈均衡的定义,即纳什均衡,这篇论文因此而成为博弈论中的重要文献。

纳什均衡是一种策略的组合,在这种状态下,每个参与者的策略相对于其他参与者的策略来说都是最优的。若有多人参加博弈,所有人都采取了最优策略,无人愿意单方面更改其策略,并能获取最大收益,则该策略的组合就是纳什均衡。例如,一个公司中有 10 名员工共同签订了一项协议,如果其中的 9 名员工都是遵守协议的,那么最后一个人就会因纳什均衡的存在而也将遵守这项协议,否则他的策略就不是最好的,这样公司的管理将出现问题。纳什均衡的形成并不意味着博弈双方是静止状态,它是在博弈者双方相互博弈过程中达成的一种平衡,是相对静止的连续动作和反应,同时也不是最优的整体状态。

1.6.2 量子博弈论概述

信息是博弈论中影响到收益的重要因素,随着量子信息论的发展,量子信息的新特性对博弈论产生了巨大影响。为更好地研究这种影响,人们结合量子信息论和博弈论定义了新的交叉学科 —— 量子博弈论。

量子博弈论基于并完备了经典信息论,是用量子力学来构建经典信息理论的学科。因为不是所有的量子现象都能用经典理论描述,所以经典计算机不能模拟所有的量子现象,只能对其做近似描述。量子信息中的干涉、纠缠和不确定等特性在破译密码、创造密码及解决其他经典计算难以解决的问题方面起到了重要作用。

(1)量子信道。量子信道指量子在其中传输不受影响,可以将量子系统从一个地方传送到另一个地方的通道。

(2)量子信息。量子信息指量子所处的量子态,即量子系统“状态”所带有的物理信息。传统的数据运算处理破坏了量子纠缠特性,但是量子运算能够建立、保存和运算纠缠。

(3)量子纠缠。量子纠缠指量子在由两个或两个以上量子组成的系统中相互影响的现象。量子纠缠具有以下性质:多体量子态才会有量子纠缠,单体量子态不可能存在量子纠缠;纠缠处于不确定的态;量子纠缠是物理的,并非是某种表象下的数学结果。

作为量子系统的一个显著特征,量子纠缠在非定域性以及量子通信领域中占据着中心位置。在量子塌缩中,它表现出非定域的一种没有经典对应的超空间关联;在量子通信中,纠缠是量子信息丧失的主要方式。

量子博弈论以量子信息论为基础,把信息拓展为量子信息,进而把经典概率空间拓展到量子概率空间中,使得经典博弈出现新的特性,解决一些经典博弈不可解决的问题。

1982 年,科学家发现量子系统较经典系统具有更大的信息处理能力,促使人们关注并研究如何利用量子系统的各种特性来解释社会的各种现象,开始了量子博弈论的基础理论研究。Meyer 最早对 PQ 翻硬币问题进行了量子化,他在研究中发现,如果将硬币的状态进行量子化,并使硬币处于正面和反面的叠加状态,就可能始终赢得博弈,从而显示了量子博弈的强大能力。随后,Eisert 等又采用量子化的方法成功地解决了经典博弈中的囚徒困境问题,由此开始了量子博弈的深入研究。杜江峰等首先在实验中证实了量子博弈的可行性,该实验主要验证了量子纠缠对博弈中纳什均衡点的影响:当纠缠度较小,并趋向于零时,博弈为经典博弈;当纠缠最大时,博弈为量子博弈,若一人采用量子博弈策略,则将始终取得最大收益;当纠缠度处于二者之间时,博弈存在两个纳什均衡点,博弈处于不稳定状态。

1.6.3 多机器人系统中的博弈论研究进展

早期机器人领域的研究主要是围绕单机器人的设计及其智能化展开的,多机器人系统,尤其是多机器人的合作与竞争问题成为研究热点还是最近 20 年左右的事情,研究方法主要有数学规划、强化学习、群算法、博弈论方法、基于市场法的动态任务分配方法、控制多机器人队形的几何法等。其中,博弈论是研究利益和目标冲突的多个局中人在理性竞争与合作共谋的情况下寻求最优策略最方便的建模工具。博弈的关键是在一定规则下,局中人考虑对方对其策略做出的反应之后再制定自己的策略,这是一种协商策略的体现。Vidal 等用微分博弈论方法分别对多无人战机的追逃问题进行了尝试性研究,取得了一定的成果,证明了方案的可行性。

Martino 等使用动态规划(dynamic programming)研究了具有状态约束的多机器人追逃微分博弈问题,给出了哈密顿 — 雅可比 — 伊萨克(Hamilton — Jacobi — Isaacs,HJI)方程的连续黏度解,作为微分博弈的值函数弱解等。Cruz 等使用分层分解法和动态规划法研究了随机多局中人追逃问题的微分博弈论解等。总体来说,数学规划方法有着严格的数学框架,算法速度快,能够得到微分博弈模型的分析解,但其数学模型的建立和提取比较复杂,尤其是对于多机器人的追逃问题来说,所需的计算复杂度较高,有时需要使用一些复杂的数学工具,因此其应用范围往往受到限制。

在强化学习方面,可以应用于多机器人追逃问题中的多智能体强化学习机制在最近几年获得了较多的关注,被广泛地应用到很多领域,如随机博弈论模型(stochastic games,SG)、计算机游戏、邮件路由选择、机器人足球等。在随机博弈模型中,每个智能体获得的瞬时奖惩不仅取决于自身的动作,同时还依赖于其他智能体的动作。其中,Q－强化学习具有环境模型无关性,而且算法收敛性得到了严格的证明,具有较广泛的应用。Hwang 等使用 Q－强化学习方法研究了机器人足球队之间的竞争策略和球队内成员间的合作问题。Aminaiee 等使用 Q－强化学习研究了多机器人联合推箱子的合作与竞争问题。Jacky 等对可应用于追捕－逃跑问题中的几种学习算法进行了比较研究。强化学习本质上是一种试错方法,用在多机器人追捕领域中时依然存在一些问题,如学习速度太慢、空间需求太大、探索(exploration)和利用(exploitation)之间的均衡解计算较难、强化信号合理分配问题、联盟的形成及其协调机制问题等。

Wang 等基于 Nash 均衡概念研究了多主体导航冲突问题中涉及的合作与竞争问题。Paul 等使用非合作单阶段博弈方法研究了任务分配中的竞争问题。Hespanha 等使用一步 Nash 均衡方法研究了"追捕－逃跑"的随机博弈问题。Michael 等使用非合作博弈和少数者博弈方法研究了多智能体系统个体之间、个体－团体之间的合作与竞争问题。Du 等对多智能体系统中利用演化博弈论和多智能体强化学习来研究多机器人的合作与竞争进行了详细的分析,并从演化博弈论的观点对多智能体强化学习的作用进行了分析,研究如何通过强化学习更快地达到策略的演化稳定性。为更好地对协同进化算法的行为进行理解,Li 等使用演化博弈论方法研究了多机器人"追捕－逃跑"的合作与竞争问题。

1.7 本章小结

本章从自主导航的概念、分类,以及已知环境和未知环境等情况下的技术发展等方面进行了综述,进一步对地图创建的发展趋势进行了叙述,介绍了度量地图、拓扑地图、拓扑－度量混合地图和认知地图等四种类型,并对多机器人建图技术、路径探索等问题进行了叙述,通过介绍几种典型的多机器人系统追捕问题,对多机器人的协作路径探索、协作 SLAM 技术、多机器人的追逃技术及博弈论等系统的相关概念和技术进行了综述。

第 2 章

基于混合地图的多机器人协作探索环境

本章首先在基于概率框架的基础上深入研究基于栅格的度量地图的生成,进一步将目标的搜索问题转化成多机器人协作探索环境问题。本章首先提出一种基于隐马尔可夫模型的节点定位方法,并利用其实现不同局部地图的拼接;然后从地图拼接和自主导航的角度分析拓扑地图对提高探索效率所具备的优势;最后针对拓扑地图不能实现精确定位的局限,提出一种新型混合地图,降低协作探索环境与搜索目标的时间。

2.1　引　　言

在追捕问题已有的研究工作中,绝大多数文献或研究工作都假设追捕机器人知道目标机器人的位置,或假设追捕机器人具有精确的环境地图,而对于未知环境中目标位置未知条件下的搜索与追捕问题却很少有这方面的研究成果,这显然不能满足实际需要。当目标机器人的位置未知时,首要问题应该是搜索并尽快地找到目标,然后才能实施追捕。所谓目标搜索,是指参与搜索的机器人通过一定的空间运动形式,利用一定的探测手段来寻找预定目标的过程。

在本章的研究中,追捕机器人和目标机器人在矩形区域内行动,双方知道区域边界,但对区域内的环境信息如障碍物大小、位置等均不知晓。机器人携带有限感知能力的传感器,用来搜索并辨识目标,而目标既可以随机运动,也可以主动躲避搜索。对这类具有不完全信息的动态博弈问题,目前尚未有有效的求解理论。由于环境未知,为有效规划搜索路径,在搜索目标过程中追捕机器人应不断创建环境地图,因此本章首先研究了多机器人协作探索环境并创建环境概率地图,提出了一种基于隐式马尔科夫模型(hidden Markov model,HMM)的节点定位方法,通过多机器人之间交换各自环境地图进行不同局部地图的拼接,然后将 HMM 与市场法有机结合,实现了多机器人在未知环境中的协作探索和目标搜索。

2.2　单机器人概率地图创建

2.2.1　概率地图

在未知环境中,机器人创建地图行为的完成必须依赖于其传感器所获取的信息,如里程计、声呐、红外传感器、激光测距仪、CCD 等。由于自身固有的限制,因此这些传感器获得的信息都带有不同程度的不确定性。感知信息的不确定性必然导致模型的不确定性。由于机器人所携带的传感器具有一定误差,追捕机器人生成的地图信息并不完美,因此可以用概率来描述追捕区域内障碍物和目标分布的不确定性信息,称为概率地图。

本章采用基于占据栅格的地图表示方法,把追捕区域 U 划分成由 C_{ij} 个栅格组成的集合,每个栅格的大小为 $\delta \times \delta$。因此,环境集合 U 用公式表示为

$$U = \{C_{ij}, i \in [1, m], j \in [1, n]\} \tag{2.1}$$

在使用某种传感器读数来更新占用栅格的情况下,使用 $0 \sim 1$ 范围内数据进行评价的概率函数来表示在给定的某次观测中具体事件 H 是否发生。这里,H 代表某种假设,如某个栅格被障碍物占用或空闲,因此可以写为 $H = \{H, \neg H\}$ 或 $H = \{占用, 空闲\}$。而事件 H 真实发生的概率用 $p(H)$ 表示,$0 \leqslant p(H) \leqslant 1$。

对于机器人来说,需要根据传感器读数来计算特定栅格 grid$[i][j]$ 空闲或被占用的概率,用 $p(H \mid s)$ 表示给定传感器具体读数 s 时事件 H 实际发生的概率,而 $p(s \mid H)$ 指的是已知栅格确实被占用时传感器返回所考虑的值的概率。根据贝叶斯规则,有

$$p(H \mid s) = \frac{p(s \mid H)p(H)}{p(s \mid H)p(H) + p(s \mid \neg H)p(\neg H)} \tag{2.2}$$

2.2.2 单机器人地图创建

1. 传感器模型假设

用"占用"代替 H,那么根据式(2.2)可得

$$p(占用 \mid s) = \frac{p(s \mid 占用)p(占用)}{p(s \mid 占用)p(占用) + p(s \mid 空闲)p(空闲)} \tag{2.3}$$

式中,$p(s \mid 占用)$ 和 $p(s \mid 空闲)$ 可以从具体的传感器模型中获得。在物理传感器的基础上,本章采用一种抽象的传感器模型,用于追捕机器人探测目标和障碍物。抽象传感器的感知模型是一个由两个参数构成的函数:$p \in [0, 1]$ 是追捕机器人探测到目标(障碍物)位于某个栅格,而实际上在该栅格并没有目标(障碍物)的概率,即 $p = p(s \mid 空闲)$;$q \in [0, 1]$ 是追捕机器人探测到某个栅格没有目标(障碍物),而实际上在该栅格却存在目标(障碍物)的概率,即 $q = 1 - p(s \mid 占用) = p(\neg s \mid 占用)$。称 p 为误判率,q 为漏报率。

2. 概率地图的创建过程

在任意时刻 t,追捕机器人的观测信息 $y(t)$ 可以用一个三元组来表示:$y(t) = \{v(t), e(t), o(t)\}$。其中,$v(t)$ 表示观测的追捕机器人(包括自己和感知范围内的其他追捕机器人)位置;$e(t)$ 和 $o(t)$ 分别表示被检测的逃跑机器人和障碍物所在栅格的集合。假设追捕机器人的各次观测之间彼此相互独立,直到 t 时刻的各次

观测数据构成了一个观测序列,记为 $Y_t = \{y(1), y(2), \cdots, y(t)\}$

由于追捕区域的环境信息未知,因此追捕机器人在搜索与追捕目标的过程中应当不断根据获得的观测数据对搜索区域内的障碍物的位置与分布进行估计,以便更有效地搜索与追捕。假设追捕区域内的障碍物是固定不动的,所以当追捕机器人已经具有 $t-1$ 时刻的障碍物分布概率地图 $p_o(x \mid Y_{t-1})$ 时,t 时刻障碍物位于栅格 x 的概率 $p_o(x \mid Y_t)$ 是由给定直到 $t-1$ 时刻的观测序列 $Y_{t-1} = y(t-1)$ 和 t 时刻新的观测 $Y_t = y(t)$ 的情况下,障碍物位于栅格 x 的概率决定的。

记栅格 x 被障碍物占用的事件为 H,用 $\neg H$ 表示栅格 x 为空闲的事件。根据贝叶斯规则,有

$$p(H \mid Y_t) = \frac{p(Y_t \mid H)p(H)}{p(Y_t \mid H)p(H) + p(Y_t \mid \neg H)p(\neg H)} \tag{2.4}$$

假定各次观测相互独立,即

$$\begin{cases} p(Y_t \mid H) = p(Y_{t-1} \mid H)p(y(t) \mid H) \\ p(Y_t \mid \neg H) = p(Y_{t-1} \mid \neg H)p(y(t) \mid \neg H) \end{cases} \tag{2.5}$$

将式(2.5)代入式(2.4)可得

$$p(H \mid Y_t) = \frac{p(y(t) \mid H)p(Y_{t-1} \mid H)p(H)}{p(y(t) \mid H)p(Y_{t-1} \mid H)p(H) + p(y(t) \mid \neg H)p(Y_{t-1} \mid \neg H)p(\neg H)} \tag{2.6}$$

由于

$$\begin{cases} p(Y_{t-1} \mid H)p(H) = p(H \mid Y_{t-1})p(Y_{t-1}) \\ p(Y_{t-1} \mid \neg H)p(\neg H) = p(\neg H \mid Y_{t-1})p(Y_{t-1}) \end{cases}$$

因此式(2.6)变为

$$p(H \mid Y_t) = \frac{p(y(t) \mid H)p(H \mid Y_{t-1})}{p(y(t) \mid H)p(H \mid Y_{t-1}) + p(y(t) \mid \neg H)p(\neg H \mid Y_{t-1})} \tag{2.7}$$

在 t 时刻,对于任意的栅格 $x \in U$,有下面几种可能的情况。

(1) 栅格 x 既属于追捕机器人在 t 时刻的感知区域,又属于追捕机器人探测到的障碍物集合。栅格 x 处障碍物的事件记为 $m(x)=1$,栅格 x 处空闲的事件记为 $m(x)=0$,追捕机器人在 t 时刻的感知区域为 $S_p(t)$。若 $t-1$ 时刻根据观测序列 Y_{t-1} 得到栅格 x 处是障碍物的概率为 $p_o(x \mid Y_{t-1})$,那么对于栅格 $x \in S_p(t) \cap o(t)$ 根据式(2.7),栅格 x 被障碍物占用的概率为

$$p_o(x \mid Y_t) = \frac{p(y(t) \mid m(x)=1)p_o(x \mid Y_{t-1})}{p(y(t) \mid m(x)=1)p_o(x \mid Y_{t-1}) + p(y(t) \mid m(x)=0)(1 - p_o(x \mid Y_{t-1}))} \tag{2.8}$$

根据传感器的感知模型,显然有

$$p = p(y(t) \mid m(x)=0), q = 1 - p(y(t) \mid m(x)=1)$$

因此

$$p_o(x\mid Y_t)=\frac{(1-q)p_o(x\mid Y_{t-1})}{(1-q)p_o(x\mid Y_{t-1})+p(1-p_o(x\mid Y_{t-1}))} \quad (2.9)$$

（2）栅格 x 属于追捕机器人在 t 时刻的感知区域，但不属于追捕机器人探测到的障碍物集合。对于栅格 $x\in S_p(t)\backslash o(t)$，根据传感器的感知模型，栅格 x 处障碍物的概率应按下式进行更新，即

$$p_o(x\mid Y_t)$$
$$=\frac{p(\neg y(t)\mid m(x)=1)p_o(x\mid Y_{t-1})}{p(\neg y(t)\mid m(x)=1)p_o(x\mid Y_{t-1})+p(\neg y(t)\mid m(x)=0)(1-p_o(x\mid Y_{t-1}))} \quad (2.10)$$

（3）栅格 x 既属于追捕机器人 t 时刻所在的栅格，又属于追捕机器人探测到的障碍物集合。此时根据传感器的感知模型，用于探测障碍物的感知信息只有在追捕机器人与障碍物处在同一个栅格位置时才是完美的，即对于栅格 $x\in v(t)\bigcap o(t)$，有

$$p_o(x\mid Y_t)=1$$

（4）栅格 x 属于追捕机器人 t 时刻所在的栅格，但不在追捕机器人探测到的障碍物集合内。此时根据传感器的感知模型，用于探测障碍物的感知信息只有在追捕机器人与障碍物处在同一个栅格位置时才是完美的，即对于栅格 $x\in v(t)\backslash o(t)$，有

$$p_o(x\mid Y_t)=0$$

（5）对于其他情况，由于没有获得有关障碍物分布的有用信息，因此障碍物分布的地图信息无法更新，即

$$p_o(x\mid Y_t)=p_o(x\mid Y_{t-1})$$

综合上面的几种情况，有

$$p_o(x\mid Y_t)=\begin{cases}\dfrac{(1-q)p_o(x\mid Y_{t-1})}{(1-q)p_o(x\mid Y_{t-1})+p(1-p_o(x\mid Y_{t-1}))}, & x\in S_p(t)\bigcap o(t)\\1, & x\in v(t)\bigcap o(t)\\0, & x\in v(t)\backslash o(t)\\\dfrac{qp_o(x\mid Y_{t-1})}{qp_o(x\mid Y_{t-1})+(1-p)(1-p_o(x\mid Y_{t-1}))}, & x\in S_p(t)\backslash o(t)\\p_o(x\mid Y_{t-1}), & \text{其他}\end{cases}$$
$$(2.11)$$

2.3　实时拓扑地图的创建方法

2.3.1　拓扑地图与逻辑定位

目前提出的地图表示方法大致可分为两类:度量地图和拓扑地图。栅格地图和几何地图是两种常用的度量地图。其中,栅格地图用相同大小的栅格表示环境,用信度来表征栅格内存在障碍物的可能性。栅格地图易于创建和维护,在结构化、非结构化环境和室内、室外环境中都能够得到广泛的应用。但其所占用的内存和 CPU 处理时间会随着地图规模的扩大而增长,使计算机的实时处理变得很困难。几何地图从环境信息中提取更为抽象的几何特征,用特定的几何形状如圆形、多边形等描述环境中的障碍物。几何地图目前较多地应用于室内、结构化环境,在室外、非结构化环境中则应用较少。与栅格地图相比,几何地图表示方法更为紧凑,方便用于机器人的位置估计和目标识别。但几何信息的提取需要对传感器数据做额外的处理,并且所提取的特征对于环境的微小变动如光照变化、部分遮挡、动态障碍物的影响等比较敏感。近几年来,关于度量地图的研究(尤其是栅格地图)使其能够逐渐应用于大规模未知环境中的信息表示,但拓扑地图与度量地图相比,在大规模环境中仍然具备较大的优势。

拓扑地图将环境表示为一张拓扑意义上的图,图中的节点对应于环境中的特定地点,弧线表示连接不同节点的通道。与度量地图侧重于环境的测量信息不同,拓扑地图中只考虑节点之间的连接关系而忽略拓扑节点在世界坐标系中的精确坐标。因此,机器人在拓扑地图中的定位属于逻辑定位,定位结果采用属于/不属于某一节点的形式。拓扑地图与环境的语义表示密切相关,与人类自身的定位和导航习惯比较符合,容易实现高层的路径规划,并且能与反应式导航方法很好地结合起来。这种地图更加紧凑,适合于大规模环境的表示。

按照环境表示的不同,机器人的自主定位可以分为度量定位和逻辑定位。度量定位是指机器人在度量地图中的定位,其目的是尽可能精确地计算机器人在某一世界坐标系中的位姿,因此本章称度量定位为精确定位。逻辑定位是指机器人在拓扑地图中的定位,定位的结果表示为机器人位于哪一个节点,或者位于哪两个节点之间。显然,逻辑定位很接近人的定位习惯:当一个人位于环境的某一地点时,他通常无法获得自己在世界坐标系中的精确坐标,但是却丝毫不影响他准确而高效地从一个地点走向另一个地点。因此,本章称逻辑定位为不精确定位。精确定位与不精确定位具有本质的区别,由于传感器信息的不确定性和环境扰动的存在,因此精确定位的结果也是不精确的,其关键在于:不精确定位忽略机器人在世界坐标系中的位姿,从而没有任何精度可言。目前,国内外绝大部分文献集中于度量定位的研究,归根结底是因为拓扑地图的在线创建和机器人在拓扑地图中的定位比较困难。为克服这一不足,本章将会对拓扑地图做进一步的研究。

2.3.2　实时拓扑地图创建方法

机器人进行地图创建的目的是更好地实现全局定位和自主导航。当一些学者试图建立精确的环境地图来实现机器人精确定位时,往往忽略了这样一个事实:人在运动时通常是无法得知自己在建筑物内的精确坐标的。因此,人的导航方式有两大特点:首先,人无法得知自己在世界坐标系中的精确坐标;其次,人可以精确地知道自己位于环境中的哪一地点(如房间)。其中,对地点的确定是通过对熟悉场景的记忆和匹配来实现的。很明显,人自身的导航方式与拓扑地图表示环境的方式比较一致,因此越来越多的研究者借助拓扑地图完成高层的全局规划路径,而用反应式导航方法如人工势场法(artificial potential field,APF)、矢量场直方图法(vector field histogram,VFH)或扇区曲率法(beam curvature method,BCM)实现底层的局部避障和路径跟踪。

1. 新型拓扑地图的定义

由于机器人在导航过程中只对可行的通道感兴趣,因此在本章所设计的拓扑地图中,拓扑节点是指不同通道之间交叉区域的中心点或只有一个出口的区域的中心点,如拐角、道路交叉口或房间与走廊的尽头等,同时称该区域为节点区域。该拓扑节点的检测对于环境的局部变化或障碍物的局部遮挡具有一定的鲁棒性。根据节点的定义,可对图 2.1(a) 所示的典型室内环境建立图 2.1(b) 所示用 $N_1 - N_2 - N_3 - N_4 - N_5 - N_6$ 组成的拓扑地图。在地图中,SIFT 12 代表连接节点 N_1 和 N_2 的 SIFT 特征集(属于节点 N_1 而指向 N_2 的陆标)。按照无碰扇区的总数不同,把拓扑节点分为以下三类。

(1)一类节点。只存在一个无碰扇区的节点,如 N_1 和 N_6 点。该节点通常表示狭窄通道或空间的尽头。

(2)二类节点。存在两个无碰扇区的节点,如 N_2 点。该节点通常表示通道的拐角处。

(3)三类节点。存在三个或三个以上无碰扇区的节点,如 N_3、N_4 和 N_5 点。该节点通常表示多个通道的交汇。

如果激光扇区也可以视为某种形式的特征,显然这种特征与直线段、曲线段或拐角特征相比对环境的局部变化和局部遮挡具有较强的鲁棒性。然而,扇区特征毕竟只是对环境的一种粗略表示,因此该特征在本章通常被用来进行节点检测,而非节点识别。

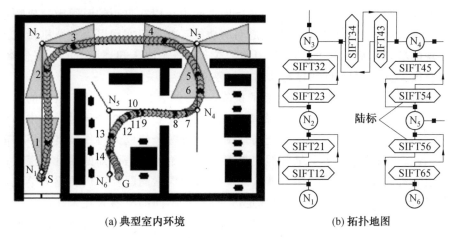

(a) 典型室内环境　　　　　　　　　　　(b) 拓扑地图

图 2.1　无碰扇区的变化和节点的检测

2. 拓扑节点的检测

机器人在拓扑地图中进行定位的前提是具备在线检测附近节点的能力,因为只有检测到节点才能与已有的地图进行数据关联。按照前面提出的拓扑定义,在某一个节点区域内,节点的类型或无碰扇区的总数是保持不变的,节点区域的这一特点保证了节点的重复检测问题:当机器人位于某一节点区域时,该区域的节点能够被随时检测到。按照无碰扇区在 t 时刻的总数 Sum_t 不同,可得节点检测规则如下。

(1) 如果 Sum_t 等于 1,则附近可能存在一类节点,一类节点只能提供一个可行通道使机器人离开该节点。

(2) 如果 Sum_t 等于 2,并且两个无碰扇区间的夹角 θ_t 小于角度阈值 θ_{th},或者 θ_t 的角度变化量 θ'_t 大于角度变化量阈值 θ'_{th},则附近可能存在二类节点。

(3) 如果 Sum_t 大于或等于 3,则附近可能存在三类节点。

在上述规则中,可能存在是指由于环境或传感器的不确定性,因此容易产生节点的误检测。但由于节点区域的稳定性,因此误检测能够在机器人移动位置后得以消除。

2.4　基于混合地图的多机器人协作环境探索

利用多机器人系统协作探索未知环境与单机器人相比具有很多优点:首先,多机器人系统的传感器视野更加宽阔,信息冗余有利于提高机器人的定位精度和地图创建的品质；其次，多机器人系统的容错性可以防止单个机器人失效引起的任务失败；再次，多机器人系统的并行处理能力可以在更短的时间内完成特定的任务；最后，多个简单异构机器人之间的功能互补可以实现单个复杂机器人无法实现的功能。基于上述原因，利用多机器人系统解决未知环境下的军事侦察、灾难救援、追捕逃跑等问题已越来越引起各国学者的关注。

多机器人探索同时也带来了新的挑战，主要包括地图拼接、协作策略的选择等问题。机器人协作策略的选择需要事先确定每个机器人在全局坐标系中的位置，把各自的局部地图嵌入某一全局地图中进行融合便成为协作策略选择的前提。因此，目前绝大多数文献都假定机器人的初始位姿是已知的并且在探索过程中没有绑架发生。这样，多机器人之间的协作探索问题就可以转化为单机器人位姿跟踪问题的直接扩展。为满足这一假设，不同的机器人在未知环境下必须从相同的地点出发以获得统一的世界坐标系，机器人也就不可避免地要重复访问其他机器人走过的区域，导致探索效率降低。

2.4.1 基于隐马尔可夫模型的拓扑地图节点定位

1. 贝叶斯滤波

机器人的节点定位可以描述为：在机器人和其所处环境组成的动态系统中，根据初始状态概率分布 $p(l_0)$ 和 t 时刻之前获得的所有观测数据 $\{u_{0:t}, z_{0:t}\}$ 来估计机器人的当前位置 l_t。其中，$u_{0:t} = \{u_0, u_1, \cdots, u_t\}$ 为机器人在 t 时刻之前执行的动作或里程计信息；$z_{0:t} = \{z_0, z_1, \cdots, z_t\}$ 为 t 时刻观测到的传感器信息。初始概率表示机器人的初始位姿信息。在机器人的全局定位中，由于机器人的初始位姿是完全不确定的，因此 $p(l_0)$ 是机器人状态空间的均匀分布。从统计学的观点看，l_t 的估计也是一个贝叶斯滤波器问题，可以通过估计后验密度 $p(l_t \mid u_{0:t}, z_{0:t})$ 来实现。假设系统是一个马尔可夫过程，根据贝叶斯滤波器，系统的后验概率密度可以表示为

$$p(l_t \mid u_{0:t}, z_{0:t}) = \frac{p(z_t \mid l_t, u_{0:t}, z_{0:t-1}) p(l_t \mid u_{0:t-1}, z_{0:t-1})}{p(z_t \mid u_{0:t-1}, z_{0:t-1})} \tag{2.12}$$

根据马尔可夫假设，当前时刻的观测信息与 t 时刻以前的观测数据无关，而只与机器人的当前状态 l_t 有关，因此有

$$p(z_t \mid l_t, u_{0:t}, z_{0:t-1}) = p(z_t \mid l_t) \tag{2.13}$$

式中，$p(z_t \mid l_t)$ 是机器人的观测模型。同样，根据马尔可夫假设，机器人的当前位姿只与前一时刻的位置 l_{t-1} 及控制信息 u_t 有关。因此，$p(l_t \mid u_{0:t-1}, z_{0:t-1})$ 具有以下形式：

$$p(l_t \mid u_{0:t-1}, z_{0:t-1}) = \int p(l_t \mid l_{t-1}, u_{0:t}) p(l_{t-1} \mid u_{0:t-1}, z_{0:t-1}) \mathrm{d}l_{t-1}$$

$$= \int p(l_t \mid l_{t-1}, u_t) p(l_{t-1} \mid u_{0:t-1}, z_{0:t-1}) dl_{t-1} \qquad (2.14)$$

式中，$p(l_t \mid l_{t-1}, u_t)$ 是机器人的运动模型。

　　根据以上的分析，节点定位中机器人位置的估计具有以下的迭代形式：

$$p(l_t \mid u_{0:t}, z_{0:t}) = \frac{p(z_t \mid l_t)}{p(z_t \mid u_{0:t-1}, z_{0:t-1})} \int p(l_t \mid l_{t-1}, u_t) p(l_{t-1} \mid u_{0:t-1}, z_{0:t-1}) dl_{t-1}$$

$$(2.15)$$

也就是说，要实现机器人的节点定位，需要在已知环境地图、机器人的运动模型及机器人的观测模型的条件下，通过迭代的方法对上式进行求解。在式(2.15)中，$p(z_t \mid u_{0:t-1}, z_{0:t-1})$ 是归一化常数，确保概率的积分为 1。

2. 隐马尔可夫模型

　　考虑到节点的 SIFT 特征，式(2.15)可以表示为

$$\mathrm{Bel}(L_t) = \eta p(v_t \mid L_t) \int p(L_t \mid L_{t-1}, u_{t-1}, \mathrm{sh}_{t-1}) \mathrm{Bel}(L_{t-1}) dL_{t-1} \qquad (2.16)$$

　　机器人在 t 时刻位于节点 L_t 的置信度 $\mathrm{Bel}(L_t)$ 可以用观测模型 $p(v_t \mid L_t)$ 和运动模型 $p(L_t \mid L_{t-1}, u_{t-1}, \mathrm{sh}_{t-1})$ 进行更新。式(2.16)中，η 为归一化因子，v_t 为机器人在 t 时刻观测到的图像序列。

　　在运动模型 $p(L_t \mid L_{t-1}, u_{t-1}, \mathrm{sh}_{t-1})$ 中，机器人在 t 时刻对当前节点的估计不仅依赖于上一状态 L_{t-1} 在 $t-1$ 时刻执行的动作 u_{t-1}，而且依赖于关联上一节点与当前节点的 SIFT 特征 sh_{t-1}。假定机器人的线速度和角速度误差符合两个独立的零均值正态分布，则定位方差与机器人的位移和动作转换次数成正比。当机器人沿图 2.2 所示基于采样的机器人位置估计的路线移动时，基于航迹推算的机器人位置分布如图 2.2(a)所示。显然，当机器人经过几次转弯之后，机器人的定位方差将会增大很多。使用扫描匹配修正里程计信息是降低机器人定位方差的有效办法。在本章提出的拓扑地图中，克服粒子的发散则无须借助于扫描匹配方法。按照节点的定义，当机器人需要改变当前的运动方向时，在附近通常有节点存在(图 2.2(b)中的 N_1、N_2 和 N_3)。由于机器人每到一个节点都需要运动到该节点的位置重新定位，相当于对以前积累的误差进行了复位，因此在节点定位中只需要计算机器人在上一个节点对应坐标系中的坐标，而无须考虑之前积累的定位误差。图 2.2(b)所示的圆 N_3 代表节点区域，在该区域内，节点 N_3 能被重复检测。

　　本章采用 Thrun 等的方法估计机器人和候选节点在上一节点相关坐标系中的位姿分布 $N(u_t, \Sigma_t)$ 和 $N(u_i, \Sigma_i)$。在每个分布中随机选取 N 个加权的粒子 $\{(x_t^q, y_t^q, w_t^q) \mid q = 1, \cdots, N\}$ 和 $\{(x_i^s, y_i^s, w_i^s) \mid s = 1, \cdots, N\}$，$w_t^q$ 和 w_i^s 分别为对应采样的权值。则运动模型可用下式来表示：

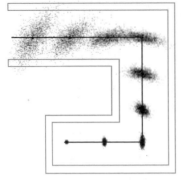

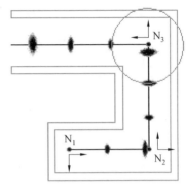

(a) 基于航迹推算的机器人位置分布　　　　(b) 基于拓扑定位的机器人位置分布

图 2.2　基于采样的机器人位置估计

$$p(L_t = l_i \mid L_{t-1} = l_j, u_{t-1}, \mathrm{sh}_{t-1})$$

$$= \sum_s \sum_q w_i^s w_t^q f(x_i^s, y_i^s, x_t^q, y_t^q) \mathrm{sgn}(N(\mathrm{sh}_{t-1}, \mathrm{sh}^{ji})) \tag{2.17}$$

$$f(x_i^s, y_i^s, x_t^q, y_t^q) = \begin{cases} 1, & \|x_t^q, y_t^q\| - \|x_i^s, y_i^s\| < R_i \text{ 且} \\ & \left| \arctan \dfrac{y_t^q}{x_t^q} - \arctan \dfrac{y_i^s}{x_i^s} \right| < \theta_{\mathrm{th}} \\ 0, & \text{其他} \end{cases} \tag{2.18}$$

式中,sh^{ji} 为关联节点 l_j 与节点 l_i 的 SIFT 特征,也就是说,sh^{ji} 属于节点 l_j 而指向节点 l_i;$\mathrm{sgn}(x)$ 为符号函数,当 $x > 0$ 时取 1,其他情况为 0;$f(\cdot)$ 为距离和角度约束函数;R_i 为节点区域 l_i 的有效检测半径,在地图创建时确定;$\|\cdot\|$ 用来计算向量的长度。因此,HMM 通过综合当前节点与历史节点的匹配结果及不同节点的空间关系来提高机器人节点识别的性能。

当机器人在已有的拓扑地图中定位时,考虑到地图的不确定性,利用采样的方法近似机器人的运动模型。距离和角度约束函数 $f(x_i^s, y_i^s, x_t^q, y_t^q)$ 只考虑机器人和候选节点在上一节点对应坐标系中与坐标原点的距离和角度的偏差。由图 2.3(a) 所示的预定轨迹与实际轨迹可知,由于机器人在运动过程中的误差积累,因此预定轨迹与实际轨迹的偏差 $|D_1 D_2|$ 会随着机器人动作转换次数的增多而增大,但是机器人运动的位移偏差 $\|SD_1| - |SD_2\|$ 大部分情况下要小于 $|D_1 D_2|$。其证明如下。

(1) 如果点 S、D_1 和 D_2 构成一个三角形,则根据两边之差小于第三边原理,$\|SD_1| - |SD_2\|$ 小于 $|D_1 D_2|$ 成立。

(2) 如果点 S、D_1 和 D_2 位于同一直线上,则当点 S 位于 D_1 和 D_2 之间时,$\|SD_1| - |SD_2\|$ 很明显要小于 $|D_1 D_2|$;当点 S 位于 D_1 和 D_2 连线的延长线

上时，$||SD_1|-|SD_2||=|D_1D_2|$。

综上，$||SD_1|-|SD_2||$ 在大部分情况下要小于 $|D_1D_2|$。因此，本章采用式（2.18）判断粒子（x_i^q, y_i^q）是否与节点采样（x_i^s, y_i^s）相似。

在图 2.3(b) 中，机器人和候选节点的粒子分别在正态分布 $N(u_t, \Sigma_t)$ 和 $N(u_i, \Sigma_i)$ 中选取，机器人位于节点 l_i 的概率与满足 $f(\cdot)$ 粒子的加权和成正比。

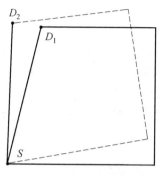

(a) 预定轨迹与实际轨迹

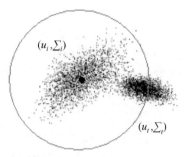

(b) 机器人和节点的粒子分布

图 2.3　基于采样的机器人和节点位置估计

2.4.2　基于隐马尔可夫模型的混合地图拼接

1. 混合地图

混合地图的生成有两种实现途径：一种方案是用度量信息注释拓扑地图；另一种方案是在度量地图中提取拓扑地图。在第一种方案中，节点包含了在节点插入区域的几何特征，每一个节点对应某一世界坐标系的精确坐标。这种方案由于计算复杂度较高，因此一般进行离线操作。第二种方案把度量地图（概率栅格地图）分割为若干区域，每一个独立的区域称为一个节点，不同区域之间的连接称为弧线，如果两个区域之间具有可行的通道，则认为两个节点之间是连通的。这种方案的应用较为广泛。

Fabrizi 和 Saffiotti 通过使用数学形态方法和图像处理工具分析自由空间（无障碍物空间）的形状对栅格地图进行分割，然而该方法只能在拓扑的层面上表示自由空间和未探索区域。

Thrun 等与 Fabrizi 的方法一样，也按照一定的区域形状准则把自由空间分割成各个相似的区域。该方法的缺点是必须在已有的栅格地图上进行操作，是离线完成的。因此，机器人单纯依靠当前的传感器信息和离线生成的拓扑地图难以实现实时定位。

Choi 和 Song 利用图像处理中的细化方法从二值栅格地图中获取环境的拓扑结构。该方法计算简单，但其不足之处在于细化方法主要对结构化的环境有效,而且从应用的角度来说,在该拓扑地图中实现机器人的逻辑定位和路径规划也比较困难。

Voronoi 图在距离传感器的扫描信息中提取拓扑节点和拓扑弧线,既可以在线操作,也可以对事先生成的栅格地图进行离线提取,能够应用于具有任意形状障碍物的未知环境。但是,对于拓扑结构无法在线或离线提取的环境,如没有任何障碍物的宽敞空间,该方法同样无法适用。

与以往的混合地图创建不同,本章侧重于研究借助于拓扑地图实现不同度量地图间的拼接问题。度量地图采用栅格地图的形式,利用 fastSLAM 方法创建,不同的机器人从不同的地点出发,分别以初始位姿为坐标原点,同时创建度量地图和拓扑地图。当机器人到达其他机器人的局部拓扑地图中的某一拓扑节点时,会首先利用 HMM 方法完成局部拓扑地图的拼接,然后把在节点位置获取的激光扫描信息与局部地图中对应节点的足迹(footprint)利用扫描匹配方法进行数据关联,实现度量地图的拼接。

2. 基于 fastSLAM 的栅格地图生成

机器人创建地图的目的是获取对环境地图和机器人位姿的最优估计,以产生对机器人所获取数据的最好解释。SLAM 可视为根据环境地图估计机器人位姿的迭代贝叶斯滤波器,即

$$p(x_{1:t}, m_t \mid z_{1:t}, u_{1:t}) = \alpha \cdot p(z_t \mid x_t, m_t) \int p(x_t \mid x_{t-1}, u_{t-1}) \cdot$$
$$p(x_{1:t-1}, m_{t-1} \mid z_{1:t-1}, u_{1:t-1}) \mathrm{d}x_{1:t-1} \qquad (2.19)$$

式中,$x_{1:t}$ 是机器人的位姿;m_t 是 t 时刻环境的地图;α 是确保式(2.19)表征概率分布的归一化因子;$u_{1:t-1}$ 表示 $1 \sim t-1$ 时刻的控制输入;$z_{1:t-1}$ 表示 $1 \sim t-1$ 时刻的观测值集合。

对于 SLAM 来说,由于 $p(x_{1:t}, m_t \mid z_{1:t}, u_{1:t})$ 的解析解通常很难获得,因此 Murphy 等使用 Rao — Blackwellization 粒子滤波器(Rao — Blackwellization particle filter,RBPF)来有效地估计机器人位姿的完全后验分布。RBPF 的关键思想是将式(2.19)分成两部分:一部分可以求得解析解;另一部分通过粒子取样来解决。RBPF 中的每一个粒子代表一个可能的机器人轨迹和地图,即

$$p(x_{1:t}, m_t \mid z_{1:t}, u_{1:t}) = p(x_{1:t} \mid z_{1:t}, u_{1:t}) \times p(m_t \mid x_{1:t}, z_{1:t}, u_{1:t}) \qquad (2.20)$$

然而,RBPF 粒子滤波器常常带有一些估计误差,其中一种估计误差来自于粒子的耗散问题,该问题将会导致在正确状态附近缺少足够的粒子。因此,为表征机器人的后验分布,需要足够多的粒子数。然而,太多的粒子需要更长的处理时间,可能阻止滤波器应用在机器人的在线 SLAM 过程中。

为克服 RBPF 中的粒子耗散问题,使用概率扫描匹配算法修正机器人里程计的读数,改进机器人的运动模型,并使用这些修正后的路径信息作为 RBPF 的取

样步中的输入值,可以有效地减少所需要的样本粒子数,减轻粒子的耗散问题。

地图的后验分布 $p(m_t | x_{1:t}, z_{1:t}, u_{1:t})$ 在给定 $x_{1:t}$ 和 $z_{1:t}$ 时可以获得其解析解。在机器人完成控制命令 u_t、获得观测值 z_t 后,机器人可以决定自己新的位姿 x_t,即

$$x_t = \eta^{(i)} \underbrace{p(z_t | m_{t-1}^{(i)}, x_t)}_{\text{似然性分布}} \cdot \underbrace{p(x_t | x_{t-1}^{(i)}, u_t)}_{\text{建议性分布}} \tag{2.21}$$

式中,$\eta^{(i)}$ 为第 i 个粒子的归一化因子,$\eta^{(i)} = \int p(z_t | m_{t-1}^{(i)}, x') p(x' | x_{t-1}^{(i)}, u_t) dx'$;$x_{t-1}^{(i)}$、$m_{t-1}^{(i)}$ 分别是第 i 个粒子在 $t-1$ 时刻的状态和地图。建议分布 $p(x_t | x_{t-1}^{(i)}, u_t)$ 由运动模型决定。运动模型是在给定初始状态 x_0 和控制命令 u_t 时定义 x_t 概率分布的系统方程。利用观测值,机器人能够根据观测模型和可能的位姿创建一个似然分布 $p(z_t | x_t, m_{t-1})$,将似然性和建议分布合并到一起,形成一个代表环境中实际机器人位姿的不确定分布。

由于在地图创建中机器人会观测到很多特征,式(2.19)描述的 SLAM 问题是一个超高维问题,不能直接采用粒子滤波器进行求解,因此需要首先对 SLAM 问题进行分解。由于特征之间的相关性是由机器人位姿不确定引起的,因此如果机器人的位置完全确定,那么特征之间是不相关的。这样,式(2.19)可以分解为

$$p(x_{1:t}, m_t | z_{1:t}, u_{1:t}, n_{1:t}) = p(x_{1:t} | z_{1:t}, u_{1:t}, n_{1:t}) \prod_{k}^{K} p(m_{tk} | x_{1:t}, z_{1:t}, u_{1:t}, n_{1:t})$$

$$\tag{2.22}$$

式中,K 表示地图中的特征数。根据式(2.22)可知,SLAM 问题可以分解为 $K+1$ 个估计问题,其中一个是估计机器人的位姿 x_t,其他 K 个是估计环境中特征的位置。

fastSLAM 是一种采用 RBPF 进行同时定位与地图创建的方法。在 fastSLAM 中,每一个粒子 $s_{1:t}^{(i)} = \{X_{1:t}^{(i)}, \omega_t^{(i)}\}$,其中粒子的状态 $X_{1:t}^{(i)} = \{x_{1:t}^{(i)}, m_t^{(i)}\}$ 既包括机器人的位姿,也包括已经观测到的地图。

(1) 机器人的新位姿采样。

机器人的新位姿采样就是在给定 $t-1$ 时刻第 i 个粒子所表示的机器人位姿时,对 t 时刻机器人的位姿进行概率推测,这种推测可以通过对提议分布采样获得,即

$$x_t^{(i)} \sim q(x_t | x_{1:t-1}^{(i)}, u_{1:t}, z_{1:t}) \tag{2.23}$$

式中,$x_t^{(i)}$ 表示 t 时刻第 i 个粒子所表示的机器人位姿,然后将采样 $x_t^{(i)}$ 加入到第 i 个粒子所表示的机器人的运动路径中,即 $x_{1:t}^{(i)} = \{x_{1:t-1}^{(i)}, x_t^{(i)}\}$。提议分布应当是对目标分布 $p(x_t | x_{1:t-1}^{(i)}, u_{1:t}, z_{1:t})$ 的估计,可以任意选择。提议分布和目标分布之

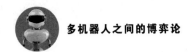

间的差别通过重要度采样来修正。在目标分布大于提议分布的区域,样本获得较高的权重,此区域的样本被抽取的概率较大;在目标分布小于提议分布的区域,样本(粒子)获得较小的权重,此区域的样本被抽取的概率较小。

(2)计算粒子的权重。

由于提议分布具体形式的选择对于基于粒子滤波器的 fastSLAM 的性能影响很大,因此直接从目标分布中抽取采样都很困难,通常选择比较易于抽取采样的提议分布形式。在实际应用中,大多数 fastSLAM 都采用运动模型的概率分布 $p(x_t \mid x_{t-1}, u_{t-1})$ 作为提议分布,即

$$q(x_t \mid x_{1:t-1}^{(i)}, u_{1:t}, z_{1:t}) = p(x_t^{(i)} \mid x_{t-1}^{(i)}, u_{t-1}) \tag{2.24}$$

上述提议分布会导致较大的权重方差,但是由于没有包括 t 时刻的观测信息,因此更容易进行抽取采样。

根据式(2.24)可知,粒子的权重为

$$\omega_t^{(i)} = \omega_{t-1}^{(i)} \frac{p(z_t \mid x_t^{(i)}) p(x_t^{(i)} \mid x_{t-1}^{(i)}, u_{t-1})}{p(x_t^{(i)} \mid x_{t-1}^{(i)}, u_{t-1})} = \omega_{t-1}^{(i)} p(z_t \mid x_t^{(i)}) \tag{2.25}$$

然后对粒子的权重进行归一化。

(3)特征位置的更新。

在 fastSLAM 中,每个特征位置都与机器人的路径有关,在对当前时刻机器人的位姿进行更新之后,也就获得了机器人的路径 $p(x_{1:t} \mid z_{1:t}, u_{1:t}, n_t)$,然后对环境中的每个特征分别采用 EKF 算法来估计它们位置 m_{tk} 的后验概率分布函数 $p(m_{tk} \mid x_{1:t}, z_{1:t}, u_{1:t}, n_t)$。在 fastSLAM 中,每个粒子都拥有一个地图。如果地图中包含 K 个特征,而且每个特征由它的世界坐标的均值和方差描述,那么第 i 个粒子的状态可以表示为

$$X_{1:t}^{(i)} = \{x_{1:t}^{(i)}, \{\bar{\mu}_{t1}^{(i)}, \Sigma_{t1}^{(i)}\}, \cdots, \{\bar{\mu}_{tK}^{(i)}, \Sigma_{tK}^{(i)}\}\} \tag{2.26}$$

式中,$\bar{\mu}_{tk}^{(i)}$、$\Sigma_{tk}^{(i)}$ 分别表示第 i 个地图中特征 k 的世界坐标的均值和方差。特征的更新就是根据新的观测信息 z_t 重新计算粒子地图中每个特征的均值和方差。特征的更新过程取决于在 t 时刻这个特征是否被机器人看到。如果一个特征没有被机器人看到,那么它的位置均值和方差保持不变,也就是说

$$\{\bar{\mu}_{tk}^{(i)}, \Sigma_{tk}^{(i)}\} = \{\bar{\mu}_{(t-1)k}^{(i)}, \Sigma_{(t-1)k}^{(i)}\} \tag{2.27}$$

如果在 t 时刻某个特征 $m_{tk}^{(i)} = \{\bar{\mu}_{tk}^{(i)}, \Sigma_{tk}^{(i)}\}$ 被机器人观测到,那么

$$p(m_{tk}^{(i)} \mid x_{1:t}^{(i)}, z_{1:t}, u_{1:t}, n_{1:t}) = \eta p(z_t \mid x_t^{(i)}, n_t, m_{tk}^{(i)}) p(m_{tk}^{(i)} \mid x_{1:t-1}^{(i)}, z_{1:t-1}, u_{1:t-1}, n_{1:t-1}) \tag{2.28}$$

假定观测模型 $p(z_t \mid x_t^{(i)}, n_t, m_{tk}^{(i)})$ 服从高斯分布,那么可以使用 EKF 进行特征坐标位置的更新。

（4）重新采样。

根据粒子滤波器中重新采样的思想，按照归一化后粒子的权重所表示的离散概率分布，使用轮盘赌的方法进行采样，使得每个粒子的权重为 $1/N$。

3. 基于 HMM 的拓扑地图拼接

基于 HMM 的地图拼接可以视为单机器人地图创建的直接扩展。假设由机器人 R_m 创建的局部地图可以表示为 $\{l_i^m \mid i=1,2,\cdots,I; m=1,2,\cdots,M\}$，其中 I 为地图中节点的个数，M 为机器人的数量，则任一个节点 l_i^m 可以用一系列 SIFT 特征 $\{S_m(v_i^j) \mid j=1,2,\cdots,J\}$ 表示，其中 J 的取值由节点的类型决定。

当机器人 R_m 到达某一节点的预定位置并获取到各无碰扇区所对应场景的 SIFT 特征之后，将会首先在本地地图中搜索匹配节点。如果找到匹配节点，则说明机器人回到了以前访问过的区域，也就形成了所谓的"环形闭合"。否则，该节点在上一可能节点相关坐标系中的坐标、本节点所有场景对应的 SIFT 特征及关联上一节点与当前节点的 SIFT 特征（属于上一节点而指向当前节点的通道）将会发送给其他机器人以确定该节点是否已经被其他机器人访问过。

对于被询问的机器人 R_n，来自于 R_m 的信息 $\{S_m(Q^k) \mid k=1,2,\cdots,K\}$ 将会在本地地图 $\{S_n(v_i^j) \mid i=1,2,\cdots,I; j=1,2,\cdots,J\}$ 中寻找满足条件 $K=J$ 的匹配节点。场景 Q^k 和 v_i^j 匹配点的个数 $N(Q^k, v_i^j)$ 将会用来估计 $\{S_m(Q^k) \mid k=1,2,\cdots,K\}$ 来自于节点 l_i 的可能性。基于协作 HMM 的地图拼接的具体步骤如下。

（1）对于机器人 R_m。

① 获取当前拓扑节点的场景序列 $\{S_m(Q^k) \mid k=1,2,\cdots,K\}$。

② 在第 m 个局部地图中对所有节点利用 $p_i = \arg\max_j N(Q^1, v_i^j)$ 搜索第一对匹配齿 $\{(Q^1, v_i^{p_i}) \mid i=1,2,\cdots,I\}$。

③ 利用 $p(v_t^m \mid L_t^m) = p(Q^1 \cdots Q^K \mid l_i) = \prod_k \left\{ \dfrac{N(Q^k, v_i^{j(k,p_i,K)})}{\sum_i N(Q^k, v_i^{j(k,p_i,K)})} \right\}$ 计算感知模型 $p(v_t^m \mid L_t^m)$，利用式（2.17）计算运动模型 $p(L_t^m = l_i \mid L_{t-1}^m = l_j, u_{t-1}^m, \mathrm{sh}_{t-1}^m)$。

④ 如果找到 1 个匹配节点 l_i，则对 l_i 进行更新；如果找到多个匹配节点，则记录所有匹配节点的信度 $\mathrm{Bel}(L_t^m)$；如果没有找到匹配节点，则转到（2）中的②。

⑤ 如果从其他机器人返回若干匹配节点，机器人 R_m 将会用式 $r = \arg\max_n \prod_k \left(\dfrac{N_n(Q^k, v_i^j)}{\sum_n N_n(Q^k, v_i^j)} \right)$ 计算最优匹配节点，并拼接两个局部地图，其中 n 为远程机器人下标。

（2）对于机器人 R_n。

① 接收来自于机器人 R_m 的信息。

② 在第 n 个地图中搜索第一对匹配齿 $\{(Q^1,v_i^{p_i})\mid i=1,2,\cdots,I\}$。

③ 利用式 $\prod\limits_k\left[\dfrac{N(Q^k,v_i^{j(k,p_i,K)})}{\sum\limits_i N(Q^k,v_i^{j(k,p_i,K)})}\right]$ 计算感知模型 $p(v_t^m\mid L_t^n)$，利用式(2.17)
计算运动模型 $p(L_t^n=l_i\mid L_{t-1}^n=l_j,u_{t-1}^m,\mathrm{sh}_{t-1}^m)$。

④ 如果找到 1 个匹配节点 l_i，则把 $\{N(Q^k,v_i^j)\mid k=1,\cdots,K\}$ 传给机器人 R_m
转到(1)中的 ⑤；如果找到多个匹配节点，则在第 n 个地图中记录机器人 R_m 的信
度 $\mathrm{Bel}_m(L_t^n)$；如果没有找到匹配节点，则转到(2)中的 ②；如果返回空值到机器人
R_m，则转到(1)中的 ⑤。

2.4.3　基于市场法的多任务分配

基于市场法的协商机制是一种广泛采用的多机器人协作策略。在栅格地图
中，最常用的方法是把已探索区域和未探索区域边界线上的中点作为目标点，然
后利用自由市场机制实现多个目标的分配。

市场法采用分布式的体系结构，与集中控制式方法相比，市场法需要较小的
计算量和通信量，同时又具有较强的容错性与鲁棒性。

拍卖(auction)是市场法中一种最常用的机制，当机器人拥有多个目标点时，
会向所有机器人以广播的方式发送标的信息。在栅格地图中，标的信息一般为
世界坐标系中的坐标。也就是说，假如不同的机器人在未知的环境中从不同的
地点出发，所发布的标的信息势必为机器人局部坐标系中的坐标。因此，只有当
两个局部地图联通之后，机器人才能够计算到对方标的的距离。当机器人接收
到其他机器人的标的信息后，会计算从当前位置到标的位置的实际距离，并计算
花费，进行投标。由于最短的路径可能导致非最短的运动时间和非最小的能量
消耗，因此花费计算的标准也有所不同，应当根据需要选取。拍卖者根据返回的
投标价格分配目标点，投标者则对花费最小的目标点进行探索。

市场法应用于度量地图的缺点在于：用于拍卖的目标点为局部坐标系中的
某一坐标，只有当两个机器人的地图拼接完成后，投标机器人才能够计算到拍卖
机器人目标点的花费；并且，假设拍卖者和投标者其中有一方定位不准确或者遭
遇绑架，则即使投标者到达了目标点，也不知道该拍卖任务已经完成，会继续向
期望的目标点前进，直到拍卖者和投标者都从绑架中恢复过来才有可能正确地
完成任务。

为克服市场法应用于度量地图的上述不足，本章将市场法与拓扑地图结合
起来，用可扩展的、存在未探索弧线的拓扑节点作为机器人的目标点取代度量地
图中的边界点。与度量地图相比，拓扑地图的目标点为可识别节点，也就是说，
即使拍卖者和投标者有一方遭遇绑架，当投标机器人向期望的目标点运动时，如

果刚好途经该节点,机器人也可以利用节点匹配方法判断该拍卖任务是否完成,也有助于投标机器人和拍卖机器人从绑架中恢复过来。

图 2.4 所示为三个机器人利用市场法进行探索的场景,机器人 R_1 沿节点 1—2—3—4 运动,当 R_1 到达节点 5 时,会在机器人 R_2 的局部地图中找到匹配点,从而将两个机器人的局部地图拼接。由于节点 5 没有可扩展分支,R_1 到节点 4 的花费最小,因此把该节点作为下一步的目标点。当机器人 R_2 到达节点 9 时,会连通节点 5 和 9,并且返回节点 5 进一步探索未探索分支。机器人 R_3 到达节点 10 后,三个机器人的地图已经联通,R_3 会把节点 4 作为目标点以便于探索最后一个分支。

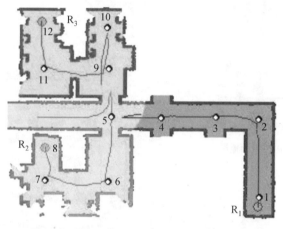

图 2.4　三个机器人利用市场法进行探索的场景

2.5　基于市场法的多机器人协作探索实验

2.5.1　地图拼接实验

为验证所提算法的有效性,本章以实际机器人 Pioneer 3 — DX 为平台,在 $50\ m \times 18\ m$ 的办公室环境内做了地图拼接实验。三个机器人分别从不同的地点出发,实现对未知环境的探索,同时创建环境的拓扑地图。为说明本章拓扑地图在地图拼接方面的优势,在探索过程中同时建立栅格地图与拓扑地图相对照。由于机器人的初始位姿未知,因此三个机器人都以出发地点作为坐标原点建立局部坐标系,从而无法创建统一的世界坐标系。图 2.5(a) ～ (c) 分别给出了三个机器人创建的局部地图。对于栅格地图而言,图 2.5(a) 和图 2.5(b) 存在一个相互重叠的走廊 a_4a_5 和 b_2b_3。但依靠单纯的栅格地图,无论使用何种数据关联方法,都无法证明节点 a_4 应该与节点 b_2 还是与节点 b_3 拼接,其原因在于位于重叠区域的两个节点 a_4、a_5 或 b_2、b_3 具有相似的通道连接结构,而利用本章提出的拓扑地图则很容易实现三个地图的拼接:尽管机器人在 a_4 点和 a_5 点获取的激光数据具有很大的相似性,但是两个地点提取的 SIFT 特征却有很大的不同,这一点能把两个相似的拓扑节点区分开来。

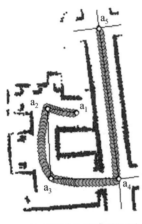

(a) 机器人 R_a 探索的地图

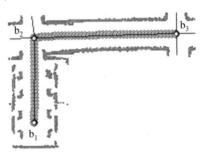

(b) 机器人 R_b 探索的地图

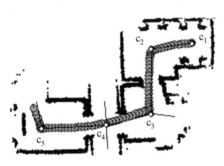

(c) 机器人 R_c 探索的地图

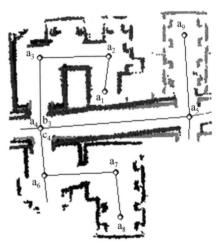

(d) 三个局部地图的拼接结果

图 2.5　多机器人协作地图拼接

图 2.5(d) 所示为三个局部地图的拼接结果。地图拼接的效率也直接影响了协作探索的效率。当图 2.5(c) 中的机器人 R_c 沿路径 a_8—a_7—a_6—a_4 运动时,在到达节点 a_4 后,R_c 无法在另外两个机器人(R_a、R_b)的局部地图中找到匹配节点,因此机器人会继续沿与当前运动方向角度偏差最小的无碰扇区运动直到到达节点 a_3。协作探索发生在图 2.5(a) 中的机器人 R_a 到达节点 a_4 的时刻:如果机器人 R_a 和 R_c 的局部地图已经拼接,则 R_a 可以根据关联节点 a_4 和 a_6 的 SIFT 特征得知从 a_4 到 a_6 的路径已经被 R_c 访问过,所以 R_a 会选择另外两个通道(左转或右转

$90°$)探索新的区域。假如此刻的地图没有实现拼接,机器人 R_a 会按照深度优先原则选择通往 a_6 的路径作为下一步的运动方向。因此,本章的拓扑地图能够尽可能快地实现不同机器人之间的地图拼接,以便于机器人可以尽可能快地选择协作策略,提高协作探索的效率。

图 2.6(a)所示为图 2.5 中环境的混合地图拼接结果。三个机器人从三个不同的房间出发,分别沿 a_1—a_2—a_3—a_4—a_5、b_1—b_2—b_3 和 c_1—c_2—c_3—c_4—c_5 的路径探索。参照图 2.5 所示的地图可以很容易地看出,扫描匹配算法不仅提高了机器人局部度量地图的精度,而且提高了拼接地图的质量。上述功能实现的前提是首先完成局部拓扑地图的拼接。换句话说,本章提出的新型拓扑地图使局部扫描匹配方法应用于全局地图匹配成为可能。图 2.6(b)所示为在拼节点 a_4(b_3、c_4)处获取的 SIFT 特征及场景。

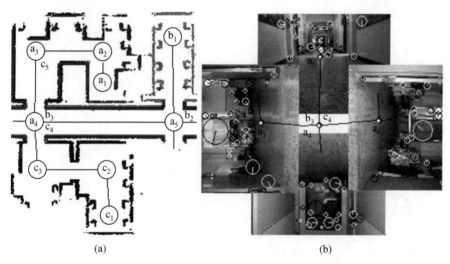

(a)　　　　　　　　　　　　　(b)

图 2.6　混合地图拼接

2.5.2　基于市场法的协作探索实验

为从不同的角度分析多机器人协作探索的性能,使用市场拍卖机制实现多机器人在未知环境下的协作探索,实验环境为 $50\ \text{m} \times 18\ \text{m}$ 的典型室内环境。六个机器人从同一地点或不同地点出发探索未知环境,机器人使用 A^* 算法搜索拓扑地图中任意两个节点间的运行距离,并把目标节点未探索弧的个数作为机器人的收益。

图 2.7 所示为六个机器人从相同地点和不同地点出发后的探索区域分布结果,图 2.7(a)用小圆表示环境中的节点位置。为便于直观地了解探索的结果分布,图 2.7 只给出了机器人的实际运行轨迹和实际场景的地图,而非机器人在线

生成的地图。

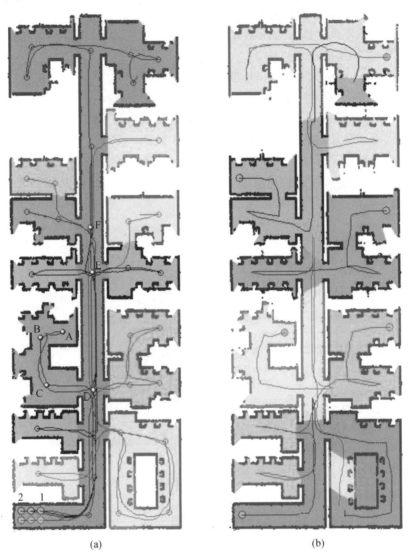

(a)　　　　　　　　　　　　(b)

图 2.7　六个机器人从相同地点和不同地点出发后的探索区域分布结果

　　首先从自主导航的角度分析地图对探索效率的影响,多机器人协作探索的效率在很大程度上取决于机器人基于已创建地图的导航效率。在图 2.7 中,当 2 号机器人到达节点 A 后,系统会根据市场法把 F 点分配给它作为目标点,机器人在拓扑地图中利用简单的搜索算法能够产生路径 A—B—C—D—E—F,并且在路径跟踪过程中会把下一个相邻节点作为临时目标点,所以不容易陷入局部最小。而在度量地图中,机器人规划一条从 A 点到 F 点的路径不是很容易,即便是规划了一条最优路径,当机器人跟踪路径失败时,很容易陷入局部最小。

其次从协作机制的角度考虑,当投标者(2 号机器人)或拍卖者(1 号机器人)任意一个被绑架时,如果使用度量地图,则 2 号机器人即使经过 F 点也不知道目标已经完成,除非被绑架的机器人恢复过来。而使用拓扑地图,无论机器人是否被绑架,机器人都能通过匹配当前节点与目标节点的特征判断任务是否完成,其原因是度量地图把绝对坐标作为商品 / 目标点,而拓扑地图把不变特征作为商品 / 目标点。

当机器人从不同的地点出发时,探索任务的分配比较均匀,不同机器人间的重叠探索区域的面积较小,所以探索效率也相应较高。由图 2.7(a) 中的机器人路径可知,为到达期望的目标点,很多机器人将不得不经过其他机器人已经访问过的区域,这不可避免地延长了探索时间。在度量地图中,为保证机器人建立一个统一的世界坐标系,机器人在大部分情况下必须从同一个地点出发,这在一定程度上降低了探索效率。机器人从不同的地点出发时,机器人必须具备检测其他机器人相对位姿的能力,或者能够在两幅局部地图中利用数据关联方法搜索重叠的区域,这无疑加重了机器人的运算负担。而在本章提出的拓扑地图中,机器人可以从环境中的任意地点出发,不需要计算在某一世界坐标系中的精确坐标,也不需要检测其他机器人的相对位姿,这为实现高效的多机器人协作探索提供了保障。当机器人从同一地点出发时,重复覆盖率会随着机器人数量的增加而增加。而机器人从不同的地点出发时,随着机器人数量的增加,重复覆盖率的增长不是很明显,因为机器人很少穿过其他机器人已经访问过的区域。一个有趣的现象是,当机器人从不同的地点出发时,两个机器人的重复覆盖率反而小于一个机器人的重复覆盖率,其主要原因是当单个机器人被放置在环境的中间区域时,机器人将不得不重新走过已扫描的区域,而两个机器人在大部分情况下只需要把各自的区域扫描完就可以了。

2.6　本章小结

本章首先在基于概率框架的基础上深入研究了基于栅格的度量地图的生成,进一步将目标的搜索问题转化成多机器人协作探索环境问题。为有效地规划路径并搜索目标来尽快找到目标,首先提出了一种基于隐马尔可夫模型的节点定位方法,并利用其实现不同局部地图的拼接;然后把 HMM 与市场法有机结合,实现了多机器人在未知环境中的快速探索,并且从地图拼接和自主导航的角

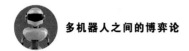

度分析了本章拓扑地图对提高探索效率所具备的优势；最后针对拓扑地图不能
实现精确定位的局限，提出了一种新型的混合地图，借助于基于 HMM 的局部拓
扑地图拼接实现了混合地图拼接，使局部扫描匹配方法应用于全局地图的匹配
成为可能。这有助于减少协作探索环境与搜索目标的时间。

第 3 章

多机器人协作 SLAM

本 章首先介绍多机器人系统协作 SLAM 的相关基础知识,描述机器人位姿的表示方式;然后对多机器人的协作 SLAM 技术进行概述;最后对多机器人主动协作定位、地图融合、多任务分配等关键技术进行详细的描述。

3.1　引　言

本章主要介绍多机器人系统协作 SLAM 的基础知识,相关概述主要包括单机器人 SLAM 框架及理论基础、多机器人协作任务分配模型、多机器人体系结构及协作 SLAM 的方法。

3.2　SLAM 的基础知识

单机器人 SLAM 的数学形式可以表示为

$$\begin{cases} x_k = f(x_{k-1}, u_k, w_k) \\ z_{k,j} = h(y_j, x_k, v_{k,j}) \end{cases} \tag{3.1}$$

式中,x_k 和 $z_{k,j}$ 分别表示机器人在运动过程中的运动约束及观测约束;u_k 是运动传感器如轮速计或惯性传感器(inertial measurement unit,IMU)等的读数;w_k 是运动传感器产生的噪声。

观测方程 $h(y_j, x_k, v_{k,j})$ 表示的是当机器人在 x_k 位置上看到某个路标点 y_j 时,在有噪声 $v_{k,j}$ 的干扰下,产生了一个观测数据 $z_{k,j}$,经典的机器人 SLAM 框架包括前端(视觉里程计)、后端(最小化重投影误差)、回环检测及建图模块。

3.2.1　前端

前端的主要作用是估算传感器(视觉传感器或者激光传感器)采集到的相邻地图信息的相对移动,同时增量式地将相对运动的轨迹生成局部地图。由于前端只会计算相邻两帧的相对位姿的变换,因此在每一步估计中都会产生误差,机器人的实际位姿服从正态分布 $N(p', d)$,其中 p' 为 SLAM 系统对机器人位姿的估计。位姿估计是具有后效性的迭代计算,随着机器人运行路程的增加及传感器采集信息的次数的累积,d 的数值也会逐渐增大,导致局部地图无法通过简单的拼接形成全局一致的地图。SLAM 中累积误差的形成如图 3.1 所示。

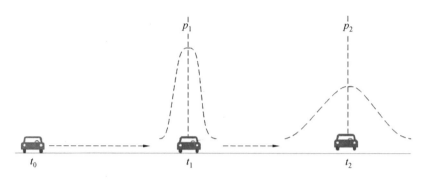

图 3.1 SLAM 中累积误差的形成

3.2.2 后端

为弥补前端的缺点，绝大多数 SLAM 系统都会加入后端优化系统，后端部分接受前端传递来的位姿序列并对它们进行集束调整，通过最小化重投影误差，最终达到对位姿图的修正(图 3.2)。基于图优化的后端优化建立一个代表机器人位姿转换的一个特殊的图，节点是机器人在各个时刻的位姿参数及对应的图像帧观察到的地图的特征点，节点之间相关的误差项用边来表示(图 3.3)。通过图优化的算法批量地更新图节点与边，在经过后端优化后，根据图中每个节点保存的地图信息即可完成指定类型的地图构建。

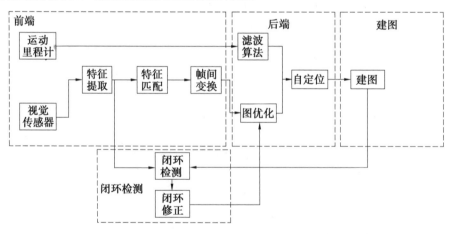

图 3.2 视觉 SLAM 算法框架

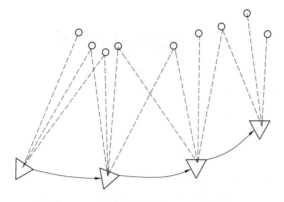

图 3.3　基于图优化的 SLAM 示意图

3.2.3　回环检测

回环检测模块用来检测机器人先前某一时刻的位姿是否与当前位姿形成一定程度上的吻合,也就是是否形成了一个回环。如果回环被检测到,那么之前在回环处的位姿信息会直接传给后端来协助最小化重投影误差,最终达到消除累计误差并生成全局一致地图的目的。闭环检测的作用如图 3.4 所示,图 3.4(b)、(c)包括真实轨迹和估计轨迹。

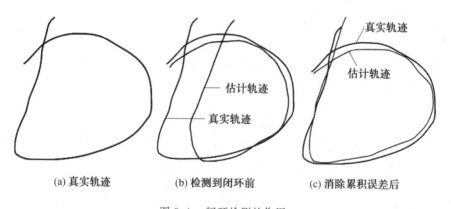

(a) 真实轨迹　　　　(b) 检测到闭环前　　　　(c) 消除累积误差后

图 3.4　闭环检测的作用

3.2.4　建图

建图是根据最终后端生成的全局一致的位姿图生成所需要类型的地图的过程,也是 SLAM 系统最终的目的之一。

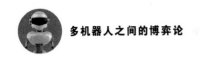

3.3　机器人位姿表示

机器人的位姿变换为一个旋转变换与平移变换共同作用的结果,旋转变换可以用旋转矩阵、旋转向量及四元数表示,三种表示方式可以相互转换且可以根据应用场景选择不同的表示。其中,旋转矩阵的定义为

$$SO(3) = \{R \in R^{3\times3} \mid RR^{\mathrm{T}} = I_{3\times3}, \det(R) = 1\} \tag{3.2}$$

式中,SO(3) 是特殊正交群(special orthogonal group);$I_{3\times3}$ 为三维单位矩阵;R^{T} 表示 R 的转置矩阵。旋转矩阵虽然能够表示旋转,但是由于存在与其转置相乘必须为单位矩阵这一约束,因此为求解或者估计机器人旋转状态带来一些困难。与之相比较,旋转向量可以更加直观且紧凑地表示旋转变换。旋转向量由一个旋转轴 u 及旋转角 φ 组成,旋转向量到旋转矩阵的过程可由罗德里格斯公式(Rodrigues's formula)表示,即

$$R = \cos\varphi \cdot I_{3\times3} + (1 - \cos\varphi)nn^{\mathrm{T}} + \sin\varphi \cdot \hat{n} \tag{3.3}$$

式中,R 为旋转矩阵;φ 为绕轴旋转的角度;n 为旋转轴方向的单位向量;$\hat{n}$ 表示变量 n 的反对称转化运算符。反对称转化运算符的具体作用为

$$\hat{n} = A = \begin{bmatrix} 0 & -a_3 & a_2 \\ a_3 & 0 & -a_1 \\ -a_2 & a_1 & 0 \end{bmatrix} \tag{3.4}$$

式中,a_1、a_2、a_3 代表一个三维实数向量分量;A 为一个反对称矩阵。旋转角 φ 也可以用 R 来求得,具体方法为

$$\varphi = \arccos\frac{\mathrm{tr}(R) + 1}{2} \tag{3.5}$$

由于旋转轴经过旋转矩阵 R 的变换依旧为自身,因此可知 $Rn = n$。同时,因为旋转向量具有奇异性,所以不可以用来表示三维流形下的旋转变换,而四元数(quaternion)$q \in S_3$ 可在复空间无奇异地表示三维流形的旋转,q 可用在四维空间上的单位向量表示,即

$$q = q_w + q_x i + q_y j + q_z k = \begin{bmatrix} q_w \\ q_x \\ q_y \\ q_z \end{bmatrix} = \begin{bmatrix} q_w \\ q_v \end{bmatrix}, \quad \|q\| = 1 \tag{3.6}$$

式中,q_x、q_y、q_z 是四元数的虚部;i、j、k 是四元数的三个虚向量,其关系可表示为

$$\begin{cases} i^2 = j^2 = k^2 = ijk = 1 \\ ij = -ji = k \\ jk = -kj = i \\ ki = -ik = j \end{cases} \tag{3.7}$$

由此可得,四元数的乘法运算方式为

$$q^\alpha \otimes q^\beta = \begin{bmatrix} q_w^\alpha q_w^\beta - q_x^\alpha q_x^\beta - q_y^\alpha q_y^\beta - q_z^\alpha q_z^\beta \\ q_w^\alpha q_x^\beta + q_x^\alpha q_w^\beta + q_y^\alpha q_z^\beta - q_z^\alpha q_y^\beta \\ q_w^\alpha q_y^\beta - q_x^\alpha q_z^\beta + q_y^\alpha q_w^\beta + q_z^\alpha q_x^\beta \\ q_w^\alpha q_z^\beta + q_x^\alpha q_y^\beta - q_y^\alpha q_x^\beta + q_z^\alpha q_w^\beta \end{bmatrix} \tag{3.8}$$

式中,$\otimes$ 为四元数群的群运算。四元数乘法可以简化为用内外积表示的形式,如

$$q^\alpha \otimes q^\beta = \left[q_w^\alpha q_w^\beta - (q_v^\alpha)^{\mathrm{T}} q_v^\beta, q_w^\alpha q_v^\beta + q_w^\beta q_v^\alpha + q_v^\alpha q_v^\beta \right] \tag{3.9}$$

一个以 n 为旋转轴、以 φ 为旋转角的旋转可用四元数表示为 $\boldsymbol{q} = \left[\cos\dfrac{\varphi}{2}, n\sin\dfrac{\varphi}{2} \right]^{\mathrm{T}}$,$\boldsymbol{p}$ 经过该旋转变换后的新坐标 $\boldsymbol{p}'$ 可以被表示为四元数运算 $\boldsymbol{p}' = \boldsymbol{q}\boldsymbol{p}\boldsymbol{q}^{-1}$,四元数 $\boldsymbol{q} = [q_w, q_x, q_y, q_z]$ 的旋转矩阵为

$$\boldsymbol{R} = \begin{bmatrix} 1 - 2q_y^2 - 2q_z^2 & 2q_x q_y + 2q_w q_z & 2q_x q_z - 2q_w q_y \\ 2q_w q_y - 2q_w q_z & 1 - 2q_x^2 - 2q_z^2 & 2q_y q_z + 2q_w q_z \\ 2q_x q_z + 2q_w q_y & 2q_y q_z - 2q_w q_z & 1 - 2q_x^2 - 2q_y^2 \end{bmatrix} \tag{3.10}$$

三维流形上机器人位姿关于时间的变化可以用其对时间求导的方式来获取,具体过程如下。

当机器人以四元数 $\boldsymbol{q} = \left[\cos\dfrac{\varphi}{2}, n\sin\dfrac{\varphi}{2} \right]^{\mathrm{T}}$ 表示的旋转变换进行旋转一段微小的时间时,有旋转小量 $\Delta\boldsymbol{q}$,如

$$\Delta\boldsymbol{q} = \left[\cos\dfrac{\xi\varphi}{2}, \sin\dfrac{\xi\varphi}{2} n \right] \approx [1, \xi\varphi n] = [1, \xi\varphi] \tag{3.11}$$

四元数对时间的导数为

$$\dot{\boldsymbol{q}} = \lim_{\Delta t \to 0} \frac{\boldsymbol{q}(t + \Delta t) - \boldsymbol{q}(t)}{\Delta t} = \lim_{\Delta t \to 0} \frac{\boldsymbol{q} \otimes \Delta\boldsymbol{q} - \boldsymbol{q}(t)}{\Delta t}$$

$$= \lim_{\Delta t \to 0} \frac{\boldsymbol{q} \otimes \left(\begin{bmatrix} 1 \\ \dfrac{1}{2}\xi\varphi \end{bmatrix} - \begin{bmatrix} 1 \\ 0 \end{bmatrix} \right)}{\Delta t} = \boldsymbol{q} \otimes \begin{bmatrix} 0 \\ \dfrac{1}{2}\omega \end{bmatrix}$$

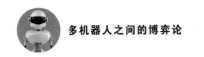

3.4　多机器人协作 SLAM 概述

多机器人协作定位及建图（collaborative simultaneous localization and mapping，CSLAM）的主要研究内容可以分为以下三类。

（1）任务分配。多机器人 SLAM 的任务分配是将机器人分配到合适的环境中进行探索，即在已知环境的情况下重组机器人团队。例如，将 UAV 分配到轮式机器人难以导航到的地方，以弥补轮式机器人位姿空间不足等问题，可以看作对多机器人 SLAM 任务分配上的操作。该类算法可以看作局部建图和定位（单机器人 SLAM）在智能群体层次上的优化。

（2）协作定位。协作定位是指机器人通过相互观测确定相对位姿。相对观测可以分为主动观测和被动观测：主动观测就是机器人通过协商或者由中心服务器指派来完成对指定机器人的位姿的观测；被动观测是当一个机器人检测到另一个机器人处于其视野范围后，对其进行观测，观测是被动进行的，这种相对定位是利用两个机器人的数据拼接两幅局部地图的一个重要基础。

（3）地图融合。多机器人系统的同时定位及建图的最终目标是生成一个全局一致的地图，全局一致的地图是由多个单机器人生成的局部地图融合二乘。地图表示的研究是利用新的地图形式来更好地表示由多机器人系统（multi-robot system，MRS）建立的局部和全局地图，该类研究的主要考虑之一是保证地图的一致性，即保证单个机器人生成的局部地图在上传到全局地图时是准确的。如果机器人局部地图发生重叠，则机器人可以结合相对观测的结果来修正地图和轨迹，从而减少测量误差。

上述的三类方法也是将单机器人 SLAM 算法应用于多机器人同时定位及建图时需要克服的难点，具有很强的相关性，即优化一个方面必然会影响多机器人 SLAM 的整体效果和其他两个方面的操作。例如，当两个机器人上传的局部地图重叠时，重叠部分可以用来修正相对定位的估计，机器人在相对定位后亦可被动生成包含机器人局部地图的全局一致的地图。

3.4.1　多机器人主动协作定位

多机器人协作定位方法是基于相对观测的多机器人协作定位算法，基于相对观测的多机器人协作定位模型是多机器人系统中的机器人轮换扮演观测者及被观测者，即机器人集群中的一个或者多个机器人保持静止状态，并观测另一个机器人位姿的过程。由协作定位所得到的观测值将会与机器人自身定位信息融合，并用来减少机器人在移动的过程中所产生的累积误差，最终通过修正单体机器人的位姿的手段来提高整个多机器人系统的定位精度。协作定位过程机器人定位不确定性的变化如图 3.5 所示。

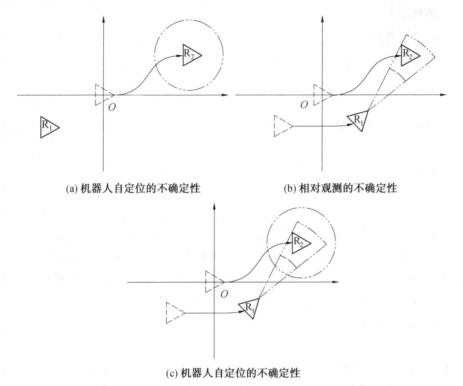

(a) 机器人自定位的不确定性   (b) 相对观测的不确定性

(c) 机器人自定位的不确定性

图 3.5   协作定位过程机器人定位不确定性的变化

协作定位减小定位误差的过程如下：机器人 R_1 在进行了一段距离移动后，当只用自身传感器以及地图路标进行定位时（图 3.5(a)），其定义不确定性如图中虚线所示。

机器人 R_2 对目标机器人 R_1 进行观测后，当只观测数据时（图 3.5(b)），R_1 位置的不确定性如图中虚线区域所示。而观测的最终目的是采取特定的算法将观测得到的目标机器人的位置息与目标机器人的自定位信息融合（图 3.5(c)），最终的定位不确定如图 3.6(c) 中圆形虚线与圆弧虚线的叠加。

由相对观测产生的对机器人位姿的修正可以是双向的，目标机器人的定位信息同时可以用来协助对其进行观测的机器人。在基于视觉的多机器协作定位模型中，协助机器人从目标机器人表面检测到的特征点可以用来表示一部分信息，为协助机器人的帧间估计及后端优化提供约束。

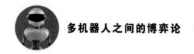

3.4.2　基于多机器人系统的地图融合

多机器人系统的地图表示方法可以分为以下三类。

1. 度量地图

度量地图又称栅格表示地图,是将空间划分为同等大小的小区域,并用一个概率值来表示其被占据概率的地图。该方法可以快速建立起具有大规模且有一定几何意义的直观的地图,但是随着地图信息的扩大,构建地图所需要的资源也会进一步扩大,而且度量地图只能表示地图的轮廓,仅仅基于度量地图无法建立对环境的进一步理解。

2. 拓扑地图

与度量地图不同的是,拓扑地图描述的是环境不同区域之间的联系,用特征点和线表示地图信息。其中,特征点是具有具体含义的地图坐标,线连接着地图中的每个点,表示路径信息。基于这样的特点,可以方便地在拓扑地图的基础上建立起语义地图。由于其占用空间不大,因此在机器人之间进行通信时可以快速传输,但是拓扑地图无法具体表示一个局部地图的具体信息,使地图缺乏一定的紧凑性和具体性,在多机器人系统局部导航中发挥的作用十分有限。

3. 混合地图

混合地图结合了度量地图和拓扑地图的优点,在多机器人协作建图中应用比较广泛。混合地图是拓扑地图与度量地图之间的结合。例如,多机器人系统可以首先建立一个拓扑地图来表示全局地图,再利用局部地图表示全局拓扑地图中的特征点的具体情况。当多机器人系统中的机器人在全局地图中进行导航时,首先根据拓扑中的特征点找到一条通往目的坐标的大概路径,再获取与路径相关的局部地图,这样就可以在节省通信资源的同时达到快速导航至目的地的目的。

一般多机器人协作建图算法的最终目标是生成包括所有地图信息的点云地图,即生成全局点云地图。点云地图是指由一组离散的、可带颜色信息的点组成的地图。但是在机器人进行局部导航时,点云地图通常因体积过大及无法灵活处理地图中的动态目标而导致在智能机器人的建图及导航中的应用受到限制。而八叉树地图相比较而言更加灵活、轻量且可随时更新,当多机器人系统中所有机器人的初始相对位姿确定时,可以将局部位姿图中的位姿变换为全局地图中的位姿,并根据位姿图中像素点的坐标及深度信息来计算像素点的全局地图坐标,将其添加到全局点云地图中即可。

在八叉树地图中,每一个点都可以看成一个根节点,都可以从三维度中的每个维度中间位置展开八个子节点,并且利用一个 $x \in [0,1]$ 来表示节点是否被占据的概率值,当空间中的该点被观测到时,只需增加 x 的数值即可。为保证 x 处于一个合理的范围,需要将 x 变换成其对数表示,即

$$y = \text{logit}(x) = \log \frac{x}{1-x} \tag{3.12}$$

将其变换后结果为

$$x = \text{logit}^{-1}(y) = \frac{e^y}{1+e^y} \tag{3.13}$$

式中,y 的取值范围为 $(-\infty, +\infty)$。y 的更新只需要根据地图中每个点在每帧图像中被占据的情况累加相应数值,在显示地图时根据式 (3.13) 计算概率即可。具体实现过程为

$$L(n \mid z_{1:t+1}) = L(n \mid z_{1:t-1}) + L(n \mid z_t) \tag{3.14}$$

式中,n 代表要显示的节点;z 为观测数据;$L(n \mid z_{1:t+1})$ 表示开始到 $t+1$ 时刻节点 n 的概率对数值。根据式 (3.13) 和式 (3.14) 可得

$$P(n \mid z_{1:t}) = \left(1 + \frac{1-P(n \mid z_t)}{P(n \mid z_t)} \times \frac{1-P(n \mid z_{1:t-1})}{P(n \mid z_{1:t-1})} \times \frac{P(n)}{1-P(n)} \right)^{-1} \tag{3.15}$$

综上所述,可以利用该方法将局部子地图合并为适合机器人导航及动态运行的全局的八叉树地图。

3.4.3　多机器人体系结构及任务分配模型

多机器人体系结构可以大致分为集中式、分布式及混合式三种体系结构。

1. 集中式多机器人体系结构

集中式多机器人体系结构如图 3.6(a) 所示,它通常由一个服务器储存多机器人系统的全部信息,拥有对多机器人系统中每个机器人的所有控制权,机器人的路径规划模块、任务分配模块和优化模块都部署其中。主控单元的主要任务是控制每个机器人的所有行为、分解和分配任务及资源等。集中式多机器人体系结构架构简单,可以比较容易地观察及调试,实现起来十分直观。但是其存在的缺点也比较明显,多机器人系统过于依赖主控单元导致其容错性较差,一个机器人的操作失误有可能会对整个系统造成极大的损失,且缺乏应对突发事件的能力。如果多机器人系统突然遭到紧急事件,则原有的计划将会无效,而重新计划则又需要结合所有信息、机器人所处环境及所具备的属性,极大地占用系统资源。机器人在每次行动时都要先把传感器的信息传递给主控单元,然后等待主控单元的回应,此时机器人相当于一个可以移动的主控中心的传感器,没有任何的自治权,这将会导致机器人个体具备的响应环境的能力较差,无法实时对环境进行交互。由于主控中心与机器人的通信方式是集中的,因此随着机器人数量

的增加,主控中心的负载会成指数增长,极大地影响多机器人系统的运行效率。

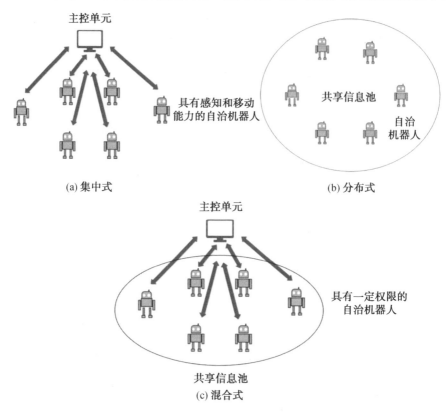

图 3.6 多机器人控制体系结构

2.分布式多机器人体系结构

分布式多机器人体系结构如图 3.6(b) 所示,该结构中并没有一个中心来完成对多机器人系统的全局掌控。没有中心服务器意味着多机器人系统没有明确的从属关系,各机器人均能通过特定的协议与其他机器人进行合作、竞争,并且机器人的行动是完全自治的。这种结构与集中式的结构相比,其适应性更强,灵活性更高,但是也有一些不足之处。由于没有中心服务器的协调,因此会有大量的通信冗余及资源分配和任务分配不合理的情况发生。

3.混合式多机器人体系结构

混合式多机器人体系结构如图 3.7(c) 所示,其结合了前两种体系结构的优点,即多机器人之间可以进行协商,但是同时允许一个中心服务器对所有机器人进行协调,以完成对资源和任务的合理分配。中心服务器具有支配机器人部分资源的权利及获取部分信息的权限,甚至在一些混合式的多机器人体系结构中,中心服务器只有"建议权",是否执行其发出的命令要机器人根据实际情况进行决策。

目前,多机器人系统应用中多采用混合式多机器人体系机构。在此基础上,采用的任务分配方法是利用一个中心式的服务器来进行多机器人系统的任务分配,服务器可以直接对每个机器人进行调度,机器人只需服从服务器关于任务的调度,但是在具体执行任务的过程中有完全的自由度。此外,被分配到一个任务的多个机器人自动形成一个机器人组(group),又称一个联盟,组内的机器人可以通过相互协商来完成共同的任务,其数学表达方式如下。

设有机器人集合 $R = \{r_1, r_2, \cdots, r_n\}$,$r_i$ 代表成员机器人,n 代表机器人的个数,多个机器人基于协商协议和通信方式组成多机器人系统。对于该系统而言,存在待系统完成的任务集合 T,可分解为一系列任务 $T = \{t_1, t_2, \cdots, t_m\}$,$m$ 为任务个数,任务分配的目的是寻找一个映射关系 φ,使得 $\varphi T \rightarrow R$。其中,φ 的协作因子主要有执行任务所需的属性、智能体所具备的能力及能力间的协作因子。

目前多机器人系统中主流的任务分配模型包括以下三种。

(1)Motivated-based 任务分配模型。

Motivated-based 任务分配模型是一种分布式机器人结构,ALLIANCE 是其中的代表算法。在 ALLIANCE 模型中,机器人通过结合两种激励机制来选择任务:默认度(acquiescence)和不耐烦度(impatience)。在默认度的作用下,执行任务的机器人将检测它在执行任务时取得进展的情况,并选择继续执行该任务或放弃任务。相反,由于不耐烦度,因此机器人会发现一项任务没有令人满意地完成,这可能是因为没有机器人试图完成它,或者是因为有其他的机器人在执行该任务但并没有取得进展。有了足够的不耐烦度,机器人就会开始参与该项工作。这些机制允许一组机器人在有意外情况发生时快速地处理问题。如果一个机器人失败了或者已经判断自身无法完成一项任务,那么另一个机器人最终将接管该任务。

在 ALLIANCE 模型中,每个机器人都具备许多行为集,每个行为集都能够完成一些任务。假设一个机器人集群由 $\{r_1, r_2, \cdots, r_n\}$ 组成,每个机器人 r_i 都有行为集合 $\{a_{i1}, a_{i2}, \cdots, a_{ik}\}$。行为集 a_{ij} 与其他机器人 r_j 欲完成的任务之间的函数关系可以用动机函数 $m_{ij}(t)$ 来表示:对于每个行为 a_{ij},都有一个执行该行为的动机值 m_{ij},一旦 m_{ij} 超过阈值时,行为集 a_{ij} 将会被机器人 r_i 设置为活跃状态,即

$$m_{ij}(t) = (m_{ij}(t-1) + \text{impatience}_{ij}(t)) \times \text{sensor\_feedback}_{ij}(t) \times$$
$$\text{activity\_suppression}_{ij}(t) \times$$
$$\text{impatience\_reset}_{ij}(t) \times \text{acquiescence}_{ij}(t) \qquad (3.16)$$

式中,各个变量的计算方法及含义如下。

不耐烦度 impatience_{ij} 计算公式为

$$\text{impatience}_{ij}(t)$$

$$=\begin{cases}\min_k(\delta\_slow_{ij}(k,t)), & \text{comm\_received}(i,k,j,t-\tau,t)=1\\ & \text{且 comm\_received}(i,k,j,t-\varphi_{ij}(k,t),t)=0\\ \delta\_fast_{ij}(t), & \text{其他}\end{cases}$$

式中,δ_slow 与 δ_fast 为 impatience_{ij} 的增长函数。如果没有机器人在执行任务 $h(a_{ij})$ 或者机器人集群的部分机器人已经执行该任务超过一定的时间间隔,机器人 i 执行动作集 j 的不确定度 impatience_{ij} 会按照 δ_fast 进行增长。如果其中某一个其他机器人声明在过去的时间段 τ 中进行该任务,则 impatience_{ij} 按照 δ_slow_{ij} 进行迭代。comm_received 函数的计算方式为

$$\text{comm\_received}(i,k,j,t_1,t_2)$$

$$=\begin{cases}1, & \text{如果 } r_i \text{ 接受了 } r_k \text{ 在时间间隔}(t_1,t_2)\text{之间的执行任务 }h_i(a_{ij})\text{的消息}\\ 0, & \text{其他}\end{cases}$$

当相关任务不是机器人希望的目标时,感觉反馈项 $\text{sensor\_feedback}_{ij}$ 阻止行为集的动机增加,即

$$\text{sensor\_feedback}_{ij}(t)$$

$$=\begin{cases}1, & \text{如果机器人 } i \text{ 在时间 } t \text{ 时表明 }h(a_{ij})\text{是可以接受的目标}\\ 0, & \text{其他}\end{cases}$$

因为一次只有一个行为集是活动的,所以采用抑制活动项来解决行为之间的相互排斥问题,即

$$\text{activity\_supperession}_{ij}(t)$$

$$=\begin{cases}1, & \text{如果机器人 } i \text{ 在时间 } t \text{ 时表明 }h(a_{ij})\text{是可以接受的目标}\\ 0, & \text{其他}\end{cases}$$

如果其他机器人 r_k 宣布它已经开始执行 $h(a_{ij})$,则不耐烦度重置函数将执行任务函数 $h(a_{ij})$ 的动机函数 m_{ij} 重置为 0,即

$$\text{impatience\_reset}_{ij}(t)$$

$$=\begin{cases}0, & \text{如果 }\exists k \text{ 令 comm\_received}(i,k,j,t-\Delta t,t)=1\text{ 且}\\ & \text{comm\_received}(i,k,j,t-\Delta t,t)=0\\ 1, & \text{其他}\end{cases}$$

式中,Δt 是距离上次沟通的时间间隔。最后,利用默认度 $\text{acquiescence}_{ij}(t)$ 表示一个机器人接手其他机器人空出的任务的意愿,有

$$\text{acquiescence}_{ij}(t)$$

$$=\begin{cases}0, & \text{如果机器人 } r_i \text{ 的行为集 } a_{ij} \text{ 已经激活超过指定时间 }\varphi_{ij}(t)\text{ 且}\\ & \text{comm\_received}(i,x,j,t-\tau_i,t)=1\\ 1, & \text{其他}\end{cases}$$

ALLIANCE 结构模型在许多基于多机器人系统的群体实验中得到了有效

证明,其中很多研究者利用多机器人的学习算法将 ALLIANCE 扩展到 L —
ALLIANCE 中,尝试对 δ_slow、δ_fast 等参数进行学习。

ALLIANCE 提出了为每个机器人进行任务分配时考虑内部动机的一个解
决方法。然而,它还是具有以下几点短处。尽管机器人可能不是同质的,但
ALLIANCE 假设机器人在某种程度上可以互换,而且它们必须至少具有共同的
能力。同时,所有在 ALLIANCE 算法驱动下的机器人必须在一组任务上进行合
作。在 ALLIANCE 中,机器人可以放弃(默认)一项任务,让另一个机器人完
成。每个机器人必须定期广播自身及其正在执行的任务的状态,以便团队的其
他成员能够相应地增加它们的不耐烦度,这为机器人集群的通信增加了大幅度
的负担。

(2) 市场拍卖及合同网络模型。

许多研究将人类社会中的行为用于多机器人系统任务分配的领域中并且取
得了巨大的成果,市场拍卖算法就是其中的一个典型案例,一种常见的方法是利
用第一价格拍卖算法来建立一个合同网络协议。在合同网络中,一个关于新任
务的公告被广播给一个机器人团队,每个机器人随后返回调度中心一个出价,用
来表示其执行该任务的合适程度,从出价中选择获胜者。在第一价格拍卖中,一
般选择效用最好或成本最低的出价。

在合同网络模型中,首先需要保证的就是调度中心与机器人之间的通信:任
务通知必须发送给机器人团队中的每个机器人,保证其同步,机器人必须利用投
标来响应调度中心的要求,并且所有的投标必须保存于一处,用来保证拍卖的公
平性。机器人响应任务公告提供的出价是衡量机器人是否适合执行任务的相对
标准。每个任务可能需要机器人提供不同的资源,因此适应度的度量可能有所
不同。适应能力可以用成本(时间、精力或其他必须花费的资源)或能力(可用的
概念、影响因素)等来联合表示。

基于拍卖的任务分配系统会遵循以下几个步骤来进行多机器人系统的任务
分配行为。

① 任务及目标发布。任务及目标一般由系统中的一个机器人、调度中心或
人类专家等向系统中所有机器人广播公告,公告需要包括所有与机器人相关的
任务信息,包括任务的种类、所处的坐标甚至是到每个机器人的距离。系统中的
消息传递系统是具有针对性的,因此在能力异构的多机器人系统中,机器人只会
得到它们可以提供的资源或服务的请求。

② 任务合适度评估。每个机器人得到调度中心发来的任务并且计算其执行
新任务的能力。机器人的适应度是基于特定任务的一个度量,如机器人与新任
务之间的距离、计算负荷等。

③ 提交投标。每一个接收到公告的机器人都以其计算后的合适度对已发布的任务做出反应。

④ 公布拍卖结果。选择一台机器人为获胜者,并通知所有机器人选择,获胜者将得到一份限时合同来执行任务。

⑤ 进度监测。一个任务并不是拍卖出去就全程交给合同承接者,多机器人系统将监测选定机器人的进度。如果机器人取得进展,其合同将定期续签;如果机器人没有取得进展,或者机器人自身经过计算后认为"无利可图",则可能举行另一次拍卖以将其移交给其他机器人,保证所有任务如期执行。

(3) 情感招募模型。

机器人研究人员将情感应用于多机器人任务分配模型的思路是利用人工设定的人类情绪来调节机器人的行为,特别是在团队合作方面。例如,用一个情感模型来防止机器人团队在补给任务中陷入僵局,当一个机器人在执行某项任务而自身无法完成时,会请求另一个机器人的帮助。如果长时间不能够得到其他机器人的帮助,则该机器人将变得越来越沮丧,最终他的选择可能是试图拦截其他机器人以让其他机器人终止行动来帮助自己。但是同时被拦截的机器人的情绪反应也同样会导致它改变其行为的参数。如果被拦截的机器人拒绝提供帮助,那么该机器人智能将对自身动作做出一些调整,如移动得更快、更积极来试图完成该任务。OCC 模型就是典型的基于行为的情感招募模型。

OCC 模型将情绪视为机器人对环境中事件的反应,或对其他机器人的反应。反应可以是积极的,如喜悦和钦佩;也可以是消极的,如沮丧和责备。同时,情绪也有一个强度系数,这表明一种特定的情绪有多强烈。在 OCC 模型中,情绪分为四类:基于目标的情绪、基于标准的情绪、基于态度的情绪和复合情绪。

① 基于目标的情绪是指目标的实现或对可能阻碍目标实现的事件的预期。情绪反应可能是由事件引起的,如完成目标或者在过程中遭遇挫折将会分别导致喜悦或痛苦。机器人也可以对实现目标的前景或未能实现目标的前景做出反应,分别产生希望和恐惧的情感。如果机器人感觉自身的能力不足以完成目标任务,它会感受到一定的危机感;如果其最终被完成,则会产生放松的情感;如果其不得不放弃任务,则会产生失望或者焦虑等情感。

② 基于标准的情绪是对其他机器人的行为的反应。这些情绪有四种变化,这取决于该反应是积极还是消极的,以及经历这种情绪的机器人是否与目标机器人相同。基于标准的情绪在多机器人交互中会发挥极大作用,因为它们能够使机器人在社会环境中权衡自身的行为和其他机器人的行为。例如,"羞耻"情感是一种基于标准的情感,它代表了每个机器人在多大程度上没有帮助团队实现其目标,是一个机器人对自己的行为的消极反应。

③ 基于态度的情绪捕捉到了一个情绪对另一个情绪的更长期反应。例如，如果一个机器人倾向于引起积极的反应，则其他机器人可能会对它形成积极的态度，如喜爱等情感；反之，则会出现憎恶等态度。

④ 复合情绪是基于目标和基于标准的情绪的组合。复合情绪可能是与目标相关的事件（如完成目标）和对导致事件的机器人行为的反应的组合。例如，当机器人成功完成一个任务目标时，该机器人产生的情感可以是完成任务的喜悦及对另一个个体的感激，或机器人独立完成了目标本身的满足感。

3.5　本章小结

本章主要介绍了多机器人系统协作 SLAM 的相关基础知识，首先从前端、后端、回环检测和建图四个模块对单机器人 SLAM 的框架及理论基础进行了详细的分析，然后从任务分配、协作定位和地图融合等三个方面对多机器人协作 SLAM 进行了详细的概述，最后在多机器人协作任务分配模型部分主要对 Motivated-based 任务分配模型、市场拍卖及合同网络模，以及情感招募模型等技术进行了详细的叙述。

第 4 章

基于 AGRMF－NN 的多机器人任务分配算法

本章首先叙述一种基于神经网络 AGRMF－NN 的多机器人任务分配算法，采用特征提取部分和组生成部分来学习智能机器人的主要能力因子；然后给出基于群体吸引函数的 AGRMF 学习算法的工作原理；最后以多机器人协作追捕作为仿真实验，验证 AGRMF－NN 的多机器人任务分配算法的有效性。

4.1　引　　言

为弥补基于特征的多机器人任务分配算法协作参数无法针对具体任务进行迭代的缺点，本章提出了一种新的基于神经网络的多机器人任务分配算法——AGRMF - NN(agent group role membership function - neural network)，并将该算法应用到了多机器人协作追捕动态目标中进行测试，使实验结果取得了进步。与其他多机器人系统学习方法不同的是，AGRMF - NN 不止学习多机器人系统中个体的属性特征，还可以通过学习多机器人系统中角色及分组的特征向量来获取对任务的特征感知。AGRMF - NN 分为特征提取层和联盟创建层。特征提取层可以训练每个任务的主能力表示子(main ability indictor)，并且提取出每个智能体独立的 AGRMF 角色特征。这些特征会被用来训练 AGRMF—NN 的联盟创建层，并且学习 AGRMF 角色特征向量的内在联系，得到组特征的表达。最终，这些组特征会被用来生成分组，每个组根据 AGRMF 特征来选取任务目标。为训练特征提取层的特征滤波器和联盟生成层，本章给出了一种独特的损失函数——组吸引力函数(group attractiveness function,GAF)，以及基于该函数的学习算法，来完成对 AGRMF—NN 神经网络的训练。

4.2　AGRMF 特征向量

AGRMF 特征向量是根据 AGR 隶属度函数来生成的。AGRMF 函数是 AGR 模型的一个扩展，可以用来表示一个智能体完成一项任务的合适度，与其他方法得出一个智能体是否属于一个小组不同的是，AGRMF 将每一个智能体分组看作一个模糊集合，则每一个小组可以利用隶属度函数来进行相关的操作。AGRMF 会得出每个智能体隶属于各个小组的隶属度，这种设定为不同优化算法提供了更多可以优化的空间。与传统 AGR 模型相比，AGRMF 提供了更多重组联盟的灵活度,并且组(group)中的角色不会不考虑智能体(agent)的属性而由其随意指派。这些特征不是从任务开始到结束不发生改变的定量,而是从多机器人系统执行任务的过程中不断学习到的变量。AGR 任务分配模型如图 4.1 所示。

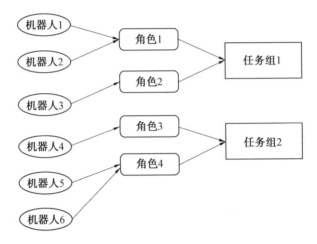

图 4.1　AGR 任务分配模型

4.2.1　自信度

任务完成的成功率是表示机器人在执行任务过程中的最直观特征,每一个机器人都有一个基于成功率的属性,称为自信度(confidence),用 Conf 来表示,是代表智能体能力的三项属性之一,有

$$\forall \text{Conf} \in [\lambda, 1]: \text{Conf} = \max\left(\lambda, \frac{c_s}{c_t}\right) \tag{4.1}$$

式中,c_s 表示任务成功完成的目标数;c_t 表示机器人参与过的任务目标数;λ 的作用是对结果进行线性整流的经验值,用来控制 Conf 的变化幅度。

4.2.2　信用度

信用度用来衡量机器人与其他机器人合作的能力。如果信用度较低,则意味着机器人可能无法正确执行其他机器人要求的服务(协助完成一个任务目标),因为任务的失败也会影响其他机器人的收益。机器人的信用度用 Credit 表示,有

$$\forall \text{Credit} \in [0, 1]: \text{Credit} = \min\left(1, 1 - \frac{c_b}{c_t - c_s}\right) \tag{4.2}$$

式中,c_b 指不得不被该机器人抛弃的协作任务数。

4.2.3　距离

机器人和任务目标之间的距离是任务分配的核心因素,可以用二者之间的笛卡儿距离 Dist_{PE} 来表示,如

$$\mathrm{Dist}_{PE} = \sqrt{(\chi_{p_i} - \chi_{e_j})^2 + (y_{p_i} - y_{e_j})^2} \tag{4.3}$$

式中,(χ_{p_i}, y_{p_i}) 是执行任务的机器人 i 的笛卡儿坐标;(χ_{e_j}, y_{e_j}) 是待执行任务 j 的笛卡儿坐标。

信用度和自信度可以看作隐式表现机器人主要能力的变量,而 Dist 是完成任务的约束条件之一,这是机器人在开始任务分配时自身无法确定和改变的属性。因此,在该模型中,该属性表示机器人完成任务的客观条件,可以根据执行任务的类型来改变。

在 AGRMF 模型中,一个组意味着一个目标,当任务完成或者无法完成时,所生成的临时编组会解散,所以智能体 p 对任务目标 t 的隶属度函数 $u_t(p)$ 等于智能体 p 对执行任务 t 的组 g 的隶属度 $u_g(p)$,其中 t 是该组正在执行的任务。在 AGRMF－NN 算法中,$[\mathrm{Credit}_p, \mathrm{Conf}_p, \mathrm{Dist}_{pt}]$ 是智能体 p 的能力向量,由能力向量确定的智能体 p 到组 g 的 AGRMF 函数被用来表示追踪者 p 加入 g 组和执行任务 t 的适应度,即

$$\mu_g(p) = \frac{\mathrm{Coef}_1^t \mathrm{Conf}_p + \mathrm{Coef}_2^t \mathrm{Credit}_p + \mathrm{Coef}_3^t \mathrm{Dist}_{pt}}{\sum_{i=1}^{3} \mathrm{Coef}_i^t} \tag{4.4}$$

Souidim 等给出了基于 AGRMF 模型的联盟生成算法,如算法 4.1 所示。

算法 4.1　基于 AGRMF 模型的联盟生成算法

输入:

U:所有目标的 AGRMF 的集合

N:U 中的元素个数

P:智能体集合

E:任务集合

输出:所有智能体的分组 group

函数 GETGROUPOFPURSUERS(U, N)

初始化 group 为空字典

```
For each e ∈ E do
    x ← 0
    repeat
        for each p ∈ P do
            if(p ∉ group[e] and u_e(p) = Max(u_e)) then
                将智能体 p 添加到执行任务 e 的组 group[e] 中
                将 p 从智能体集合 P 中删除
    x ← x + 1
            End if
        End for
    Until 执行 e 的智能体个数达到要求
End For
```

该算法的核心是在决定执行任务的分组成员时,贪婪地选择具有针对该任务最大隶属度的智能体加入群。AGRMF 是整个算法中最重要的部分。如式(4.4)所示,其中(Coef$_1$,Coef$_2$,Coef$_3$)被称为主能力表示子,用于确定自信度、信用度和距离对结果的贡献度。如果 Coef$_1^t$ 相对较大,而其他的 Coef$_2^t$、Coef$_3^t$ 相对较小,则意味着任务 t 需要由具有高度自信的智能体来完成,更适合执行该任务的智能体也将获得更高的关于任务 t 的隶属度。例如,当任务 t 的一个主能力表示子向量 [Coef$_1^t$,Coef$_2^t$,Coef$_3^t$] 为 [0.7,0.2,0.1] 时,与追踪者 p_1 对应的能力向量为 [0.7,0.2,0.1],而 p_2 的能力向量为 [0.2,0.7,0.1],由式(4.4)的计算结果可知,p_1 的适应度越高,关于任务 t 的隶属度 μ_t 也越高。当任务规模和智能体数量十分庞大时,主要的能力指标将很难定义,并且由于环境的可变性,因此不适合将其设置统一常数,这也是 AGRMF 算法的瓶颈所在。

4.3 AGRMF – NN 结构

本节主要介绍整个 AGRMF – NN 的结构,讨论整个系统基于 AGRMF – NN 的提取特征及联盟生成层的任务分配算法。AGMR – NN 任务分配算法结构图如图 4.2 所示,其分为特征提取层和联盟生成层,CEF(coalition evolution function) 为联盟评估函数。

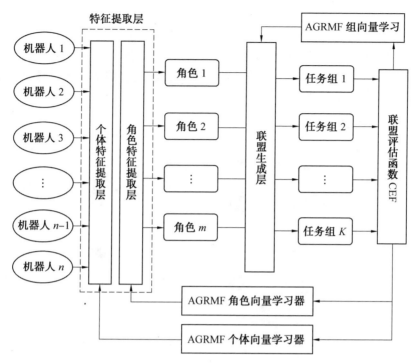

图 4.2　AGRMF－NN 任务分配算法结构图

4.3.1　特征提取层

本节讨论 AGRMF－NN 对机器人进行特征提取的部分——特征提取层。智能体 i 可以用一个基于 AGRMF 的个体特征向量来表示,如

$$\boldsymbol{x}_i = \{\mathrm{Credit}_i, \mathrm{Conf}_i, \mathrm{Dist}_{i1}, \mathrm{Dist}_{i2}, \cdots, \mathrm{Dist}_{im}\} \tag{4.5}$$

式中,Dist_{it} 表示智能体 i 与任务 t 之间的距离。

同时,基于 AGRMF 的个体特征向量 $\boldsymbol{x}_i$ 可以作为 AGRMF－NN算法的输入向量,通过式(4.4)可以得到 $\mu_t(p)$ 的分子部分表示为输入向量 $[\mathrm{Credit}_p, \mathrm{Conf}_p, \mathrm{Dist}_{pt}]$ 与权重向量 $[\mathrm{Coef}_1^t, \mathrm{Coef}_2^t, \mathrm{Coef}_3^t]$ 的神经元内积。每个神经元 t 可以看作一个选择适合于任务 t 的机器人的滤波器,因此神经元 t 的权重向量 $\boldsymbol{w}_t = [\mathrm{Coef}_1^t, \mathrm{Coef}_2^t, \mathrm{Coef}_3^t]$ 与任务 t 的主能力表示向量具有相同的用途。因此,可以选择所有的滤波器组成一个滤波器层,并采用相关神经网络的学习方法来加快训练的速度。该层的任意神经元并没有与前一层的每个神经元相连接。

式(4.4)的右边部分分母 $\sum\limits_{i}^{3}\mathrm{Coef}_i^t$ 被设计用来解决向量 $\boldsymbol{w}_t = [\mathrm{Coef}_1^t, \mathrm{Coef}_2^t, \mathrm{Coef}_3^t]$ 的规范化问题。目前流行的深度学习算法中的正则化过程、限制初始权值、调整激活函数等方法都可以借鉴过来,使滤波器层达到这一目的。

综上所述,滤波器层的输出可以表示每个机器人 p 对任务 t 的 $\mu_t(p)$,因此该层权值的更新也可以表示系统在每个机器人在扮演一个特定角色执行任务的过程中对任务属性的认知变化。AGRMF－NN 的特征提取层的具体结构如图 4.3 所示,输入层的后置层即该任务滤波器层。

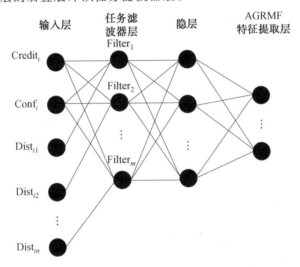

图 4.3　AGRMF－NN 的特征提取层的具体结构

滤波器层后续的隐层可以提高神经网络的函数逼近能力。特征提取层最终输出每个智能体对任务的隶属度函数组成的向量,称为 AGRMF 特征向量。

4.3.2　联盟生成层

只提取机器人的 AGRMF 角色特征不能够生成执行任务的分组,AGRMF－NN 需要学习每个任务组的特征,并学习如何将机器人分配到适当的分组,以根据其属性充分利用每个机器人。学习的过程是令一个任务组的 AGRMF 组向量每一次迭代能够更加精确表示组内机器人的 AGRMF 角色特征的内在联系。为达到该目的,该算法在特征提取部分之后添加了自组织映射(self-organizing map,SOM)层。SOM 是一种无监督学习方法,被广泛应用于分析数据的内在特征。SOM 层是一个完全连接的单层。设有训练集 $\boldsymbol{X}=\{X_1,X_2,X_3,\cdots,X_p\}$,对于训练集中的每个元素,SOM 网络输出一个获胜节点,获胜节点是所有与 $\boldsymbol{X}$ 相连的神经元中与 $\boldsymbol{X}$ 产生最大响应的神经元,具体计算方法为

$$y=\arg \max_{k=1,2,3,\cdots,m}(\boldsymbol{W}_k^{\mathrm{T}} \times \boldsymbol{X}) \tag{4.6}$$

SOM 的学习算法是竞争学习,竞争学习能够使连接到特征向量 $\boldsymbol{X}$ 的获胜者节点上的权重向量在整个竞争学习层中最好地表示 $\boldsymbol{X}$ 的特征。权重更新为

$$\begin{cases} w_{ji}(t+1) = w_{ji}(t) + \alpha(t)(x_i(t) - w_{ji}(t)), & y_j \in \Lambda_y(t) \\ w_{ji}(t+1) = w_{ji}(t), & y_j \notin \Lambda_y(t) \end{cases} \quad (4.7)$$

式中,$\alpha(t)$ 为学习率参数;$\Lambda_y(t)$ 为以获胜神经元为中心的近邻函数。竞争学习前的 SOM 权值示意图如图 4.4 所示,竞争学习后的 SOM 权值示意图如图 4.5 所示。其中,输入空间是二维空间;w_1、w_2、w_3 是权重向量。

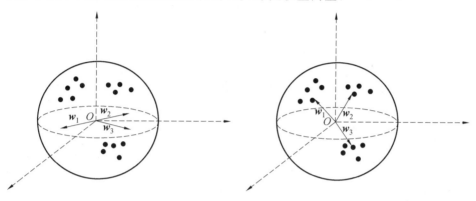

图 4.4　竞争学习前的 SOM 权值示意图　　图 4.5　竞争学习后的 SOM 权值示意图

经过竞争学习后,所有的权重都达到了聚类中心。在应用中,w 代表组的特征。用于联盟形成的神经元网络的完整构建如图 4.6 所示。

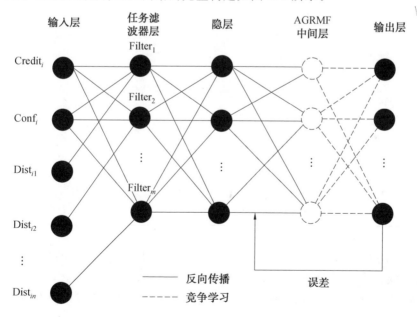

图 4.6　用于联盟形成的神经元网络的完整构建

图 4.7 中,中间层(intermediate layer)是 AGRMF 特征的输出层,也是联盟生成层的输入层。分组的误差从输出层(output layer)传递到特征提取层部分,依赖于 AGRMF－NN 所采用的学习方法。当神经网络收敛时,神经元的权值向量 i 将表示获胜神经元为 i 的机器人 AGRMF 角色特征的簇中心,根据智能体的 AGRMF 特征向量来获取最终分组结果的过程如算法 4.2 所示。

算法 4.2　根据智能体的 AGRMF 特征向量来获取最终分组结果的过程

Require：FU, N

Ensure：LIST

1：　初始化 List 为空列表,l 为迭代次数,m 为神经元个数

2：　for j：0 to m do

3：　　　随机初始化神经元的权值 w_j

4：　end for

5：　repeat

6：　　　$k \leftarrow 0$

7：　　repeat

8：　　　　$i \leftarrow 0$

9：　　　　$O = \text{win}(w, \text{fu}_i)$

10：　　　联盟生成层更新权值

11：　　　　$i \leftarrow i + 1$

12：　　until $i = N$

13：　until $k = l$

14：　repeat

15：　　　$i \leftarrow 0$

16：　　　$o = \text{win}(w, \text{fu}_i)$

17：　　　将 o 添加到 List 中

18：　　　$i \leftarrow i + 1$

19：　until $i = N$

该算法的步骤说明如下:第 1～4 步用于初始化联盟生成层的参数,第 5～19 步是联盟生成层的学习过程,其中函数"win"的输出结果由式(4.6)计算得出,函数"updateweight(o)"按照式(4.7)来计算,算法最后生成由每个机器人分组的索引组成的列表。

从 SOM 获得相同输出的智能体将被分配到同一组,一个组的机器人根据它

们的 AGRMF 利用"表决法"来决定它们的任务目标,有

$$e = \max_{\arg} \sum_{p \in g} (\mu_{e_1}(p), \mu_{e_2}(p), \cdots, \mu_{e_n}(p)) \tag{4.8}$$

每组同时只能拥有一个目标。

4.4　AGRMF－NN 的学习方法

本节主要介绍如何根据多机器人系统对 AGRMF－NN 中的权值进行迭代更新的方法。

4.4.1　组吸引度函数

本节提出了组吸引力函数(group attraction function,GAF)来评价由 AGRMF－NN 得到的分组的正确性。AGRMF－NN 通过从训练集中学习来将智能体分配给对该个体有吸引力的群组。

$\text{GAF}_g(p')$ 可以表示为智能体 p 参与 g 组中并完成任务的意愿与任务难度的比值。意愿是根据 p 的主能力表示子向量计算出的成功率 $U_t(p')$;任务难度可以根据执行任务的性质进行选取,在一般的普通应用中,任务难度可以用智能体与任务之间的距离来衡量。$\text{GAF}_g(p')$ 为

$$\text{GAF}_g(p') = \frac{\mu_g(p')d}{\sum\limits_{p \in g} \text{dis}(p, e)} \tag{4.9}$$

式中,g 为执行任务 e 的组;d 为完成任务 e 所需的机器人个数。多智能体系统重组的意义就在于每一个智能体离开原来的小组去追求更多的利益,每个智能体 p 在 $\text{GAF}_g(p)$ 的利益与在其他组内所能获得的利益 $\sum\limits_{g \in \{G-g\}} (\text{GAF}_g(p))$ 之间做出决定,所得结果受惯性因子 C_p 的影响,它代表了机器人保持在原始分组中的倾向。该系数介于 0 和 1 之间,可用于控制重组的速度。CEF 定义为

$$\begin{cases} \text{CEF}(p) = 1, & C_p \text{GAF}_g(p) \geqslant (1 - C_p) \sum\limits_{g \in \{G-g\}} (\text{GAF}_g(p)) \\ \text{CEF}(p) = 0, & C_p \text{GAF}_g(p) < (1 - C_p) \sum\limits_{g \in \{G-g\}} (\text{GAF}_g(p)) \end{cases} \tag{4.10}$$

4.4.2　分组误差的反向传播

AGRMF 特征提取的学习算法就是如何更新特征提取层的神经网络的权值,其目的是提升神经网络进一步了解所有任务特征的能力,从而更优地分配任务,提高多智能体执行任务的效率。该学习算法是一种基于 CEF 的 BP 算法。机

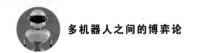

器人 p 的每个 AGRMF 角色特征向量的标签可以根据上一次迭代计算的 CEF(p) 来定义。当 CEF(p)＝0 时,表示 p 不满足 AGRMF－NN 分配的任务,此时 $\boldsymbol{X}$ 的特征向量 $\boldsymbol{X}_p$ 的标签是组群中对 $\boldsymbol{X}_p$ 最具组吸引度的分组 g' 的组特征向量。神经元的权值向量 $w_{g'}$ 代表 g' 的特征,权值更新的结果是 p 的 AGRMF 角色特征向量更接近 $w_{g'}$。相反,当 CEF(p)＝1 时,$\boldsymbol{X}_p$ 的标签是获胜神经元 g 的权值向量。损失函数定义为

$$E(\boldsymbol{W}) = \frac{1}{2}(\text{CEF}(p)) \sum_{\boldsymbol{d} \in D} \sum_{k \in \text{output}} (\text{win}_k(\boldsymbol{d}) - o_k(\boldsymbol{d}))^2 +$$
$$(1 - \text{CEF}(p)) \Big[\sum_{\boldsymbol{d} \in D} \sum_{k \in \text{output}} (\text{win}_k(\boldsymbol{d}) - o_k(\boldsymbol{d}))^2 \Big] \quad (4.11)$$

式中,$\boldsymbol{d}$ 是智能体 p 的 AGRMF 特征向量,是整个 AGRMF－NN 的输入向量;$o_k(\boldsymbol{d})$ 是特征提取层对 $\boldsymbol{d}$ 的输出向量和联盟生成层的输入向量;win($\boldsymbol{d}$) 是联盟生成层中 $\boldsymbol{d}$ 的获胜神经元的权值;win$'(\boldsymbol{d})$ 是使 GAF(p) 最大的神经元的权值;CEF(p) 作为标签的一部分,因为不会在当前迭代时发生改变,所以可以看作一个常量;$E(\boldsymbol{W})$ 是一个连续可导的函数,可以利用反向传播的算法来更新特征提取层的权值,具体方式为

$$\delta(\boldsymbol{w}) = -\eta \nabla_w \frac{1}{2}(\text{CEF}(p)) \sum_{\boldsymbol{d} \in D} \sum_{k \in \text{output}} (\text{win}_k(\boldsymbol{d}) - o_k(\boldsymbol{d}))^2 +$$
$$(1 - \text{CEF}(p)) \Big[\sum_{\boldsymbol{d} \in D} \sum_{k \in \text{output}} (\text{win}'_k(\boldsymbol{d}) - o_k(\boldsymbol{d}))^2 \Big] \quad (4.12)$$

4.5　基于 AGRMF－NN 的任务分配算法的具体流程

所有生成的用来执行任务的分组都是有指定的时效性和指向性的,如果一个分组持续的时间超过了默认的需要的时间,则该任务会被认为是一个失败的任务,并且需要多机器人系统通过重组来继续完成。基于 AGRMF－NN 的任务分配算法的具体流程如算法 4.3 所示。

算法 4.3　基于 AGRMF－NN 的任务分配算法

1：　初始化 AGRMF－NN 权值

2：　repeat

3：　　for　$e \in E$ do

4：　　　广播任务 e 的位置和奖励信息

5：　　　等待机器人回应

6：　　end for

7：　　　取得所有机器人的 AGRMF 个体特征向量

8：　　　获得执行任务的分组

9：　　　发送关于机器人的任务目标 e 及其 GAF 至机器人端

10：　　for $p \in P$ do

11：　　　　if $p.e \neq e$ then

12：　　　　　$p.\mathrm{life} = 0$

13：　　　　end if

14：　　　$p.e \leftarrow e$

15：　　　执行任务

16：　　　$p.\mathrm{life} \leftarrow p.\mathrm{life}+1$

17：　　　If $e.\mathrm{completed} = \mathrm{true}$ then

18：　　　　　$p.C_t \leftarrow p.C_t+1, p.C_s \leftarrow p.C_s+1$

19：　　　　end if

20：　　　If $e.\mathrm{life} = \mathrm{life}$ then

21：　　　　　$p.C_t \leftarrow p.C_t+1, p.C_b \leftarrow p.C_b+1$

22：　　　　end if

23：　　end for

24：　　从机器人端获得 CEF

25：　until all　$e.\mathrm{completed} = \mathrm{true}$

26：　训练特征提取层

27：　训练联盟生成层

部署 AGRMF－NN 到提供任务分配的中央服务器中并且初始化 AGRMF－NN 的神经元的所有权值（算法 4.3 中第 1 步）。机器人开始按照分组及组内决定的执行任务的结果来执行各自的任务直到所有的任务都被完成（算法 4.3 中第 2～25 步）。调度中心广播发现的任务位置完成该任务所需的智能体的个数，并且等待所有机器人的回复（算法 4.3 中第 3～6 步）。机器人用自身的 AGRMF 个体特征向量回复中央服务器的请求（算法 4.3 中第 7 步）。中央服务器利用 $\boldsymbol{X}_p$ 来训练联盟生成层的权值并且发送组吸引力函数向量 $\overrightarrow{\mathrm{GAF}}$ 及每个机器人的任务目标给每个机器人（算法 4.3 中第 8～9 步）。机器人 p 回复中央服务器它们的联盟评估函数及对任务展开行动（算法 4.3 中第 10～24 步）。最后，调度中心利用 $\overrightarrow{\mathrm{CEF}}$ 训练 AGRMF－NN 的特征提取层（算法 4.3 中第 26～27 步）。AGRMF－NN 的算法通信时序图如图 4.7 所示。

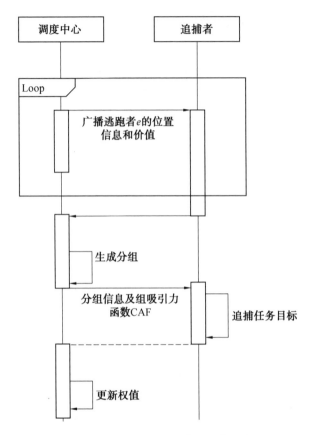

图 4.7　AGRMF－NN 的算法通信时序图

4.6　实验结果及分析

多机器人协作共同追捕多个动态目标具有很高的直观性,且执行任务的过程与目的简单。由于追捕的目标也是智能体,实验可以通过设定机器人具有不同运动能力及目标对执行任务的个体的反应来模拟机器人的特征上的差异性,因此大多数研究都是将任务分配算法应用到其中来检验其有效性。基于AGRMF－NN 的任务分配算法的试验应用就是围绕着多智能体协作追捕动态目标进行的。本节主要对实验的背景、内容及对比实验的结果进行分析。

4.6.1　实验背景与内容

多智能体协作追捕模型由三个部分组成,即追捕者、逃跑者和调度中心。

1. 追捕者

追捕者集合可以表示为

$$P = \{p_1, p_2, p_3, \cdots, p_n\} \tag{4.13}$$

2. 逃跑者

逃跑者集合可以表示为

$$E = \{e_1, e_2, e_3, \cdots, e_n\} \tag{4.14}$$

每个逃跑者都有自己的追捕难度,也就是说可能需要多个追捕者相互协作才能抓住一个逃犯,或者一个追捕者也许能很轻松地抓住一个逃犯。追捕难度就是任务难度,追捕难度的集合表示为

$$D = \{d_1, d_2, d_3, \cdots, d_n\} \tag{4.15}$$

最终捕获逃跑者 e_n 的追捕者将得到等于 d_n 的奖励。

3. 调度中心

调度中心是一种特殊的智能体,该智能体是基于 AGRMF － NN 的协作追捕模型的主体,组织者将创建追捕分组并提取追捕者的特征,AGRMF － NN 也部署在组织者中。组织者得到所有追捕者的信任,不会向其他个体透露追捕者的参数。

4. 追捕的规则

多机器人协同追捕模型是指多个智能体通过一定的协作完成对多个目标的跟踪、拦截和最终捕获。一个逃跑者的邻近区域如果被足够的机器人入侵,则将被认为是被成功追捕,即

$$d_n \leqslant \sum_{p \in P} \text{neighbor}_e(p) \tag{4.16}$$

追捕成功示例图如图 4.8 所示。e 的邻近区域表示以 e 为中心的圆形固定区域,$\text{neighbor}_e(p)$ 是一个二元函数,如果 p 进入 e 的邻近区域,则函数值为 1,否则为 0。

追捕者和逃跑者的在追捕和逃跑过程中的行进方向采取虚拟力场算法来计算:虚拟力场算法是假定环境中存在一个根据追捕者和逃跑者之间的距离的虚拟力场,从目标到追捕者的力是吸引力,追捕者 p 所受的吸引力表示为

$$F_a = \gamma \frac{1}{\text{Dist}_e} \tag{4.17}$$

式中,γ 是缩放因子;Dist_e 是指 p 与目标 e 之间的距离。相反,从追捕者到每个逃跑者的力是排斥力。逃跑者 e 所受到的合力为

$$F_e = \gamma_e \left(\sum_{i=0}^{n} \frac{1}{\text{Dist}_{pi}} \right) \tag{4.18}$$

式中，γ_e 是用来衡量逃跑者对追捕者不同反应程度的变量。

追捕者和逃跑者的追逃策略是虚拟力场算法和 BUG2 算法的结合。BUG2 算法是一种简单有效的避障算法。如果智能体在速度方向遇到障碍物，则智能体可以根据 BUG2 算法来避开障碍物，智能体会沿着障碍物的边缘爬行直到前进方向没有障碍物位置。

考虑到障碍物对追踪操作的影响，距离应计算路径的总距离，该距离由使用的避障算法确定，虚拟力场计算示例图如图 4.9 所示，有

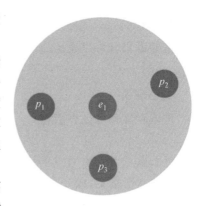

图 4.8　追捕成功示例图

$$\text{Dist}_{e1} = \text{Dist}_{p1} = |p_1A| + |AO| + |OB| + |Be_1|$$

力的方向是指向最近的端点，因此 F_{e_1} 的方向是 p_1A 而不是 e_1p_1。机器人的速度在虚拟力场的作用下发生变化。用于追逃模拟的多智能系统（multi-agent system，MAS）将以设定的间隔计算每个机器人的位置，并检查追逃是否成功。

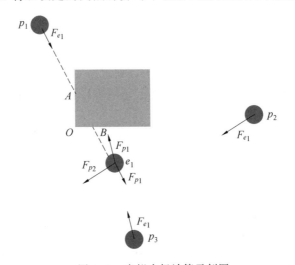

图 4.9　虚拟力场计算示例图

4.6.2　实验结果分析

本节通过实验验证了该算法的有效性，实验是在基于 ROS 的仿真"封闭环境"下完成的，有 16 名追捕者、2 名奖励值为 4 的逃跑者、1 名奖励值为 3 的逃跑者和 1 名奖励值为 2 的逃跑者。"封闭环境"是指由随机形状的障碍物组成的地图，

是追捕者和逃跑者都不能通过的一些限定的区域。逃跑者被成功追捕后与将它捕获的追捕者一同退出追捕的环境。实验部分总共做了五组子试验,从多方面验证了算法的有效性。

1. 实验 1

实验验证了基于 AGRMF 的任务分配算法的有效性。图 4.10 所示为对每种算法进行了 100 次实验后三种不同算法的对比结果。下面对图中展示的这些算法进行说明。

(1)AGR 算法。没有隶属度函数参与的任务分配算法的 AGR 模型,不考虑机器人和任务本身的特征。

(2)AGRMF 算法。运用 Souidim 等提出的 AGRMF 任务分配算法完成机器人分组和分组后的重组。

(3)AGRMF－NN 算法。利用 AGRMF－NN 算法进行任务分配。

在 AGR 模型中,捕获所有逃跑者平均消耗了 199.86 s。对于 AGRMF,在平均 161.56 s 后,逃跑者的追捕行动全部完成。对于 AGRMF－NN,在平均 120.41 s 的追踪迭代后,所有逃跑者均被捕获。

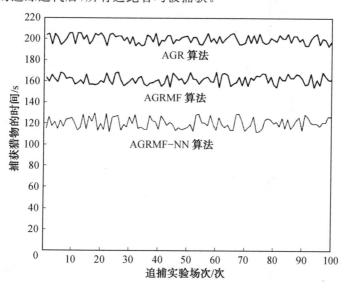

图 4.10　对每种算法进行了 100 次实验后的三种不同算法的对比结果

机器人从之前的任务组退出重新加入另一个组执行新任务以追求更大利益的行为称为重组。在重组之前,由于执行任务的机器人的特征没有与其执行任务所处的角色特征进行匹配,因此逃跑者逃脱,而基于 AGRMF－NN 的特征匹配算法会及时对多机器人集群进行重组,减少了这种情况发生的概率。

为验证对比的任务分配算法对机器人集群重组的影响,实验对比了两种方

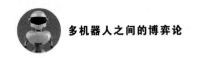

法的重组次数的分布。实验 1 中重组数的箱状图如图 4.11 所示。

为展示基于 AGRMF－NN 的任务分配算法产生的重组对多机器人协作追捕的效率的提升，实验对比了两种算法中多机器人系统的每个任务组的重组次数在最后一次重组后距离追捕成功的平均时间。实验 1 中重组效果对比如图 4.12 所示，实验结果证明了 AGRMF－NN 产生的重组可以有效降低多机器人系统协作追捕的有效时间。

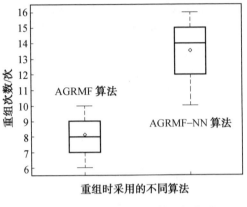

图 4.11　实验 1 中重组数的箱状图

2. 实验 2

本实验主要通过以下两种方法的比较来测试 AGRMF－NN 的特征提取部分的功能。

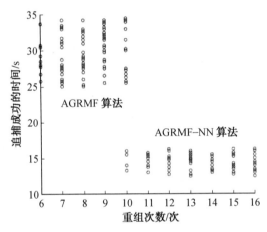

图 4.12　实验 1 中重组效果对比

（1）AGRMF－NN 算法。 基于 AGRMF－NN 的任务分配算法。

（2）没有特征提取部分的 AGRMF－NN 算法。 没有特征提取部分的 AGRMF－NN 意味着主要能力协作因子永远不会改变，而组生成层直接根据 AGRMF 创建联盟。

实验 2 中不同算法追捕所需时间对比如图 4.13 所示，没有特征提取部分的 AGRMF－NN 算法的平均追捕时间为 175.97 s。

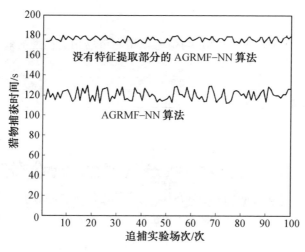

图 4.13　实验 2 中不同算法追捕所需时间对比

3. 实验 3

实验 3 选择基于划分和密度的 k-means 和 DBSCAN 算法与 AGRMF − NN 算法进行对比,进一步说明 AGRMF 的联盟生成层的有效性。这些算法都具有各自的优势。但是,对于实验中面对的多机器人协作追捕问题,利用 SOM 完成任务分组形成的 AGRMF 算法表现最好。实验 3 中不同算法的追捕时间对比如图 4.14 所示。其中,基于 k-means 的联盟生成层的平均追捕时间为 174.34 s,基于 DBSCAN 的联盟生成层为 165.25 s。实验结果证明动态追逃过程中,在密度和聚类的簇中心都在变化的情况下,AGRMF − NN 算法具有较好的适应能力。

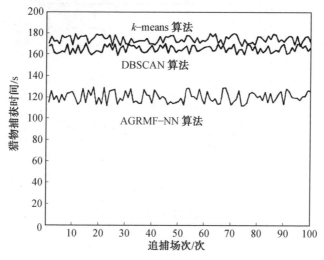

图 4.14　实验 3 中不同算法的追捕时间对比

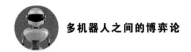
4. 实验 4

实验 4 对比了 AGRMF－NN 与情感模型和市场拍卖模型的效果（图 4.15～4.17）。

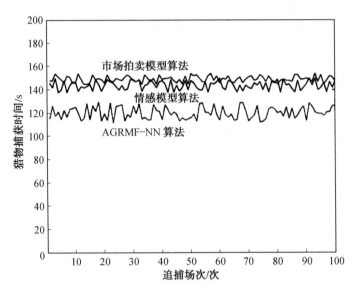

图 4.15　实验 4 中不同算法的追捕时间对比

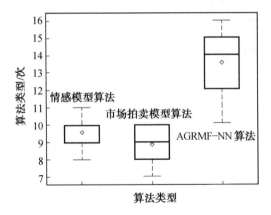

图 4.16　实验 4 中重组数的箱状图

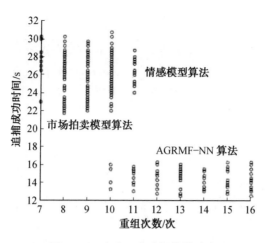

图 4.17　实验 4 中重组效果对比

（1）情感模型。基于情感模型的任务分配算法。

（2）市场拍卖模型。基于市场拍卖模型的任务分配算法。

（3）AGRMF－NN。基于 AGRMF－NN 的任务分配算法。

与情感模型相比,AGRMF－NN 的捕获时间减少了 16.33%。与市场拍卖模型相比,AGRMF－NN 的捕获时间缩短了 19.32%。AGRMF－NN 的主要能力向量在一定程度上可以代表智能体在情感模型中的一些基本情感参数。在拍卖模型中,特征提取层的作用也可以看作追捕者对任务的出价。然而,原有的两个模型都不能学习任务的特征和由此产生的分组的特征。

5. 实验 5

实验 5 验证了当逃跑者采取一些"欺骗性"的策略时,该算法的有效性。欺骗性是多机器人协作追捕模型中逃跑者为摆脱追捕者而进行一些行动来掩盖其真实的逃跑路线,具有欺骗性的逃跑行为包括周期螺旋前进来不断改变追捕者与其相对距离,以及向相邻追捕者之间前进来干扰或者快速摆脱其追捕等行为,所采取的策略如下。

（1）逃跑策略 1。逃跑者采用以下策略来确定运动的主要路径。如果空间足够大,则它们向一个固定方向定周期螺旋前进。不同的逃跑者具有不同的角速度和转弯半径,可反映其具备不同的属性,同时干扰追捕者的判断,为自己赢得更多的逃跑空间(图 4.18 ～ 4.20)。

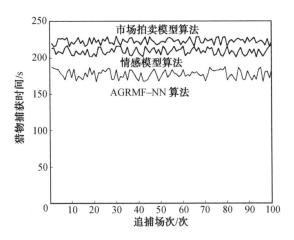

图 4.18　当逃跑者采取策略 1 时,不同算法的追捕时间对比

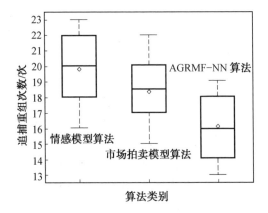

图 4.19　当逃跑者采用策略 1 时重组数的箱状图

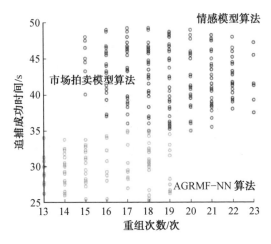

图 4.20　当逃跑者采用策略 1 时重组效果对比

（2）追捕逃跑策略 2。逃跑者仍以周期性转向的方式前进,但主要运动路径是随机的。这种方法可以在一定程度上避免其进入死角(图 4.21 ～ 4.23)。

（3）逃跑策略 3。结合以上两种策略,提出策略 3,当所有追捕者都远离逃避时,其主要路径是随机的。当有追捕者靠近它时,虚拟力场算法用来确定前进的主要方向。当有一些追捕者非常接近它时,它会朝着与它非常接近的追捕者之间的间隙方向逃逸。 如果条件允许,它们仍将以周期性转向的方式前进(图4.24 ～ 4.26)。

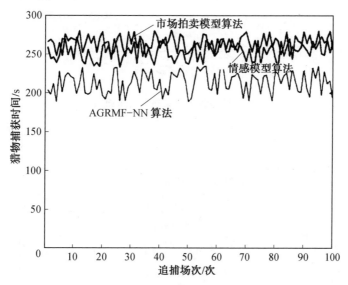

图 4.21　当逃跑者采用策略 2 时不同算法的追捕时间对比

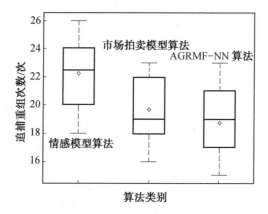

图 4.22　当逃跑者采用策略 2 时重组数的箱状图

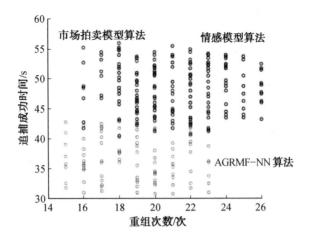

图 4.23　当逃跑者采用策略 2 时重组效果对比

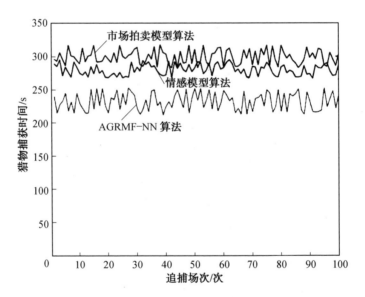

图 4.24　当逃跑者采取策略 3 时,不同算法的追捕时间对比

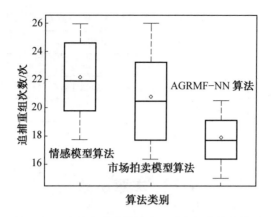

图 4.25　当逃跑者采用策略 3 时重组数的箱状图

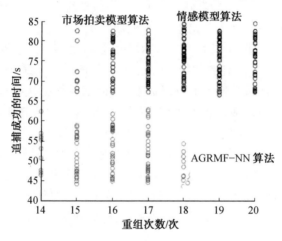

图 4.26　当逃跑者采用策略 3 时重组效果对比

实验 5 中采用不同追捕策略和不同逃跑策略的追捕时间比较见表 4.1,表中的数据格式为追捕总时间的平均值。

追捕策略 1～3 代表实验 4 中提到的三种算法。在最佳情况下,与情感模型和市场拍卖模型相比,AGRMF － NN 的捕获时间分别减少了 23.72% 和 22.32%。从实验结果中可以看出,当规避策略更复杂、更具欺骗性时,对比算法的重组次数有了明显增加,但最后一次重组后距离追捕成功的平均时间依然高于 AGRMF － NN。

AGRMF － NN 的学习能力使追捕者不易被逃跑者的临时行为迷惑,能够更准确地根据逃跑者的特点来确定分组和目标。

表 4.1　实验 5 中采用不同追捕策略和不同逃跑策略的追捕时间比较

策略	追捕策略 1	追捕策略 2	追捕策略 3
逃跑策略 1	209.01	223.02	177.67
逃跑策略 2	254.48	263.13	213.43
逃跑策略 3	279.82	299.20	232.39

4.7　本章小结

　　本章叙述了一种基于神经网络 AGRMF－NN 的多机器人任务分配算法。该神经网络由特征提取部分和组生成部分来学习智能机器人的主要能力因子,并提出了基于群体吸引函数的 AGRMF 学习算法。 与传统模型相比,AGRMF－NN 具有学习任务的特征的能力,智能体可以根据 AGRMF－NN 所学习到的信息来确定执行任务的分组的形成,而不是根据执行任务的暂时情况来进行任务的分配。以多机器人协作追捕为实验内容的仿真实验的结果表明,与 AGRMF、情感招募模型和市场拍卖模型相比,AGRMF－NN 的捕获时间分别缩短了 25.47%、16.33% 和 19.32%。当逃跑者采用更具欺骗性的策略时,该算法同样生效,在最佳情况下,与情感模型和拍卖模型相比,该算法的捕获时间分别减少了 23.72% 和 22.32%。实验证明,基于 AGRMF－NN 的任务分配算法能够有效提高多机器人系统的重组效果,进而提升整个系统的效率。

基于深度强化学习的多机器人协作 SLAM 算法

本章首先对深度强化学习的工作原理进行概述;然后分析 MAS—
DQN 的工作原理、任务树构建、观测函数、输出函数及奖励函数
等;最后提出一种基于 MAS—DQN 多机器人协作 SLAM 算法。该算法
首先采用一种新的基于 ORB—SLAM 的观测函数来感知整个 MAS 的
SLAM 状态;然后设计一个基于 rainbow 深度强化学习框架 MAS—
DQN 来学习系统的整体效用函数 $U(S, a(x))$ 及机器人的属性差异;最
后通过仿真实验验证该算法的有效性。

5.1　引　言

多机器人系统中每个机器人的结构和所搭配的传感器可以不相同,导致每个机器人的 SLAM 属性也具有差异性,这为多机器人协作 SLAM 提供了更多可优化的空间。例如,无人机与无人车相比更加灵活、速度更快、运动能力更强,且可以在许多无人车无法到达的地点对兴趣点进行观测及更加快速地构建地图。但是由于不能使用轮速计等配置在无人车上使用的辅助定位设备,因此其定位能力逊于无人车。为弥补这样的缺陷,就需要为无人机配置高精度的惯性传感器等设备来获取其运动信息,再与视觉传感器的信息融合,才能获取比较准确的位姿,这样就会增加整个系统的硬件成本及计算负荷。因此,有的研究者利用无人机快速构建一个环境的大致地图,再利用无人车对无人机进行相对观测,融合二者不同类型的地图并修正局部子地图,在降低成本的同时确保定位及建图的精度。这类基于协作的多机器人 SLAM 算法一直以来广受关注,但同时也存在着一个问题:多机器人系统的协作效果不能与系统所处的 SLAM 状态和此刻采取的协作行为关联,也就无法得到在当前所处状态下采取令系统协作效果最大化的动作。此时,既需要考虑到多种因素,如机器人 A 在系统所处的某一时刻可以选择独立进行地图探索,或者对机器人 B 或机器人 C 进行观测以协助其进行定位,又需要考虑机器人自身的 SLAM 状态、其他机器人的 SLAM 状态及各自的距离等影响多机器人协作效果的因素,用直接给定协作参数的方式很难令协作效率得到提升。

本章提出了一种基于深度强化学习的面向多机器人系统的协作 SLAM 算法,该算法将多机器人系统中需要定位的机器人视为一个任务,系统中的其他机器人通过相对观测来完成任务,观测的结果用于修正目标机器人的子地图,根据机器人的协作关系建立一种基于任务树的学习模型,智能体之间的协作将贯穿每个个体的 SLAM 过程。该算法机制的具体流程如下。

(1)首先,每个机器人都独立运行 ORBSLAM2 系统,同时算法基于 ORBSLAM2 的特征,建立了一个独特的观测函数,对整个多机器人系统进行

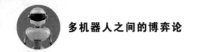

建模。

（2）其次，利用一种新型的深度强化学习神经网络——MAS—DQN 来学习系统 SLAM 效用值与状态动作对（status—action）之间的对应关系，在多机器人之间的协作过程中学习 MAS 中机器人的特征。

（3）最后，根据 MAS—DQN 的输出结果，系统中的每个机器人在一定的自由度下进行各自的行动。

5.2　深度强化学习算法介绍

强化学习的两个组成部分是智能体和环境。环境是智能体存在和互动的世界。在交互的每一步，智能体都会对世界状态进行观察，得到一个完全或者不完全的观察数据，然后决定要采取的行动。当智能体作用于环境时，环境会发生变化，但也可能会自行改变。智能体还可感知到来自环境的奖励信号，该奖励告知它当前世界状态的情况。智能体的目标是最大化其累积回报，强化学习方法就是智能体为达到目的而学习行为的方法。深度强化学习的主要内容就是利用深度神经网络来学习智能体处于不同状态下所要采取的动作，即智能体的策略，来让智能体取得最大的累积回报。深度强化学习主要分为两类：深度策略梯度算法和深度 Q—Learning 算法。

5.2.1　深度策略梯度算法

深度策略梯度算法属于 on-policy 类型算法，其主要目的是利用策略梯度来最大化累积奖励的期望值 $J(\pi_\theta)=E_{\tau\sim\pi_\theta}[R(\tau)]$。其中，$\pi$ 为智能体所采取的策略，满足 $a_t\sim\pi_\theta(\cdot|s_t)$，$s_t$ 为环境在 t 时刻的状态，a_t 为智能体在 t 时刻采取的行动（或者动作），可以使用梯度法来优化策略，如

$$\theta_{k+1}=\theta_k+\alpha J(\pi_\theta)|\theta_k \tag{5.1}$$

智能体与环境的交互序列 $\tau=(s_0,a_0,s_1,a_1,\cdots,s_{T+1},a_{T+1})$ 在给定 π_θ 后出现的概率为

$$P(\tau|\theta)=\rho_0(s_0)\prod_{t=0}^{T}P(s_{t+1}|s_t,a_t)\pi_\theta(a_t|s_t) \tag{5.2}$$

式中，$\rho_0(s_0)$ 表示初始的归一化因子。$\nabla_\theta P(\tau|\theta)$ 可表示为

$$\nabla_\theta P(\tau|\theta)=P(\tau|\theta)\nabla_\theta\log P(\tau|\theta) \tag{5.3}$$

通过对 $\log P(\tau|\theta)$ 进一步化简，可以得到

$$\log P(\tau|\theta)=\log\rho_0(s_0)+\sum_{t=0}^{T}(\log P(s_{t+1}|s_t,a_t)+\log\pi_\theta(a_t|s_t)) \tag{5.4}$$

对 θ 进行求导,可得到

$$\nabla \log P(\tau | \theta) = \sum_{t=0}^{T} (\nabla_\theta \log \pi_\theta (a_t | s_t)) \tag{5.5}$$

最终,累积奖励的期望为

$$
\begin{aligned}
\nabla_\theta J(\pi_\theta) &= \nabla_\theta E [R(\tau)] \\
&= \nabla_\theta \int_\tau P(\tau | \theta) R(\tau) \\
&= \int_\tau P(\tau | \theta) \nabla_\theta \log P(\tau | \theta) R(\tau) \\
&= E_{\tau \sim \pi_\theta} (\nabla_\theta \log P(\tau | \theta) R(\tau)) \\
&= E_{\tau \sim \pi_\theta} \left(\sum_{t=0}^{T} \nabla_\theta \log P(a_t | s_t) R(\tau) \right)
\end{aligned} \tag{5.6}
$$

式中,T 为序列 τ 的长度;$\nabla_\theta J(\pi_\theta)$ 的最终形式可以化简为

$$\nabla_\theta J(\pi_\theta) = \frac{1}{|F|} \sum_{t \in F} \sum_{t=0}^{T} \nabla_\theta \log P(a_t | s_t) R(\tau) \tag{5.7}$$

式中,$|F|$ 为轨迹的总个数。结合式(5.1)和式(5.7),其学习的最新策略可通过更新深度神经网络的权值 θ 来完成。

5.2.2　深度 Q – Learning 算法

深度策略梯度算法虽然可以直观地对策略进行迭代,但是需要大量的实时交互数据才可充分训练。而深度 Q – learning(DQN)是一种 off-policy 的强化学习模型,可以将所有的交互序列保存并进行训练,该算法利用一个 Q – Table 来维护每个状态－动作对(state－action pair)的累积奖励(Q 值)。根据贝尔曼方程可知,当每次采取具有最大 Q 值的动作时,$Q(s_t, a_t)$ 可以计算为

$$Q(s_t, a_t) = r_t + \gamma (\max_{a'} Q(s_{t+1}, a')) \tag{5.8}$$

式中,$Q(s_t, a_t)$ 为当智能体在 s_t 时采取 a_t 后所获得的 Q 值;s_{t+1} 为 s_t 采取 a_t 后转换的状态;γ 为折损因子。

当状态和动作空间为高维并且连续时,维护 Q － Table 将变得不可能。因此,为把问题由更新 Q－Table 转化为函数拟合,DQN 的基本思想是利用深度神经网络通过更新自身的参数 q 来让 Q 函数不停逼近最优的 Q 值,DQN 的具体算法如算法 5.1 所示。

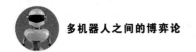

算法 5.1　DQN 的具体算法

初始化储存能力为 N 的回放存储单元 D

初始化探索系数 ε 为 1.0

初始化深度 Q 神经网络的参数 w

初始化目标深度 Q 神经网络的 $\overline{w} = w$

For episode $= 1$, M do

　　初始化序列 $s_1 = \{x_1\}$ 及预处理该序列 $\varphi_1 = \varphi(s_1)$

For $t = 1$, T do

　　以概率 ε 选择一个随机的动作 a_t

　　以概率 $1-\varepsilon$ 选择 $a_t = \max_a Q^*(\varphi(s_t), a; w)$

　　执行 a_t 并且获得系统进行的下一个状态 x_{t+1}

　　定义 $s_{t+1} = s_t$, $\varphi_{t+1} = \varphi(s_{t+1})$, 并与 a_t、x_{t+1} 组成转换元组 $(\varphi_t, a_t, r_t, \varphi_{t+1})$

　　将 $(\varphi_t, a_t, r_t, \varphi_{t+1})$ 储存到 D 中

　　从 D 中随机选取固定数量的元组 $(\varphi_j, a_j, r_j, \varphi_{j+1})$

　　令 $y_j = \begin{cases} r_j, & \text{当 } \varphi_{j+1} \text{ 为最终状态时} \\ r_j + \gamma \max_{a'} Q(\varphi_{j+1}, a', \overline{w}), & \text{当 } \varphi_{j+1} \text{ 为非最终状态时} \end{cases}$

　　基于损失函数 $(y_j - Q(\varphi_j, a_j, w))^2$ 训练 w

End for

每进行 C_1 次迭代, 令 $\overline{w} = w$

每进行 C_2 次迭代, 令 ε 进行相应衰减

End for

但是, 将深度学习(deep learning, DL)与强化学习(reinforce learning, RL)结合的算法将不可避免地导致以下问题。

(1) 深度学习的训练需要大量的训练集, 如果训练集数量和质量达不到一定的标准, 则会影响深度神经网络的学习效果。然而, 强化学习的模型一次只能返回一个状态 — 动作对的立即奖励, 因此在强化学习的模型中充分训练深度神经网络是十分困难的。

(2) 深度神经网络所需的样本都是独立的, 但是强化学习模型中的状态都是相互关联的。

(3) 深度神经网络所学习的数据分布经常是固定的, 但是强化学习的应用场景的状态分布往往是不断改变的, 也就意味着充分复现之前训练过的状态难度很大。

（4）单纯地利用非线性神经网络表示值函数已被证明是不稳定的。

本章叙述如何利用 rainbow 来建立 MAS－DQN 的训练模型。rainbow 是一种集成式的 DQN 模型，该模型应用并集成当前六种针对基本 DQN 的扩展算法来主要解决上述总结的四种问题，其集成的算法具体介绍如下。

①double Q－learning 与标准 DQN 相同的地方是利用两个结构相同但是参数不同的神经网络，即行动网络和目标网络来进行训练。不同的是，标准 DQN 采用式（5.8）来更新"行动网络"的参数，由式（5.8）可以得出，模型在选择最优行动和计算目标值时使用的都是"行动网络"参数模型，该做法已被证明会导致模型对价值函数进行过高的估计；但是在 double Q－learning 中，状态对应的最优动作由行动网络选择，而估计对应的价值函数的功能由目标网络实现，具体算法为

$$Q(s_t,a_t)=r_t+\gamma Q(s_{j+1},\arg\max_{a'}Q(s_{t+1},a',W),\bar{W})\qquad(5.9)$$

通过这种做法，该模型有效地降低了对价值函数过高估计的风险。

②priority replay buffer 通过让模型有更大的概率选择更有利于提升模型的样本来让回放存储单元更加有效地得到利用。该算法通过给予每个样本不同的权重来完成对采样概率的控制。交互式表现越好的样本，对应的权值越少；反之，交互式表现越差的样本，会有越大的概率被模型选择以增强模型的泛化能力。

③dueling DQN 将基于状态和动作的值函数 $Q(s,a)$ 显式地分解为基于状态的 $V(s)$ 及优势函数 $A(s,a)$，在保持网络底层结构不变的同时，将原本网络中的单一输出变成两类输出，这种改进让模型的训练更加容易且表示价值信息更加清晰。

④distributional DQN 进一步对价值模型的结果进行优化，通过将模型的输出由单纯的一个可计算价值的期望转化为一个可计算价值的分布，建立了复杂的价值函数，完成对估计结果更细致的表现。

⑤noisy DQN 通过向训练的参数中添加噪声，在增加模型的探索能力的同时，让价值函数的更新粒度更加可控。

为克服智能体在早期与环境交互中训练速度过慢的问题，multi-step 利用更多步的奖励来进行学习而不是只用贝尔曼方程进行一步更新，即

$$Q'(s_t,a_t)=r_{t+1}+\gamma r_{t+2}+\gamma^{n-1}r_{t+n}\max_a\gamma^n Q(s_{t+n+1},a')\qquad(5.10)$$

rainbow 集成了以上所有模型的优点，并且成功让该算法的训练效果超越了标准 DQN 算法。

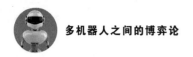

5.3　MAS－DQN 介绍

5.3.1　基于 MAS－DQN 的多机器人 SLAM 的任务树构建

MAS－DQN 通过建立多机器人系统联合 SLAM 状态、联合协作目标和联合 SLAM 奖励的关系来学习机器人在特定状态采取特定行动的累积奖励,MAS－DQN 结构示意图如图 5.1 所示。其中,协作目标 a_n 表示机器人 n 的相对定位的目标,同时也表示机器人 n 在 s_t 的实时动作。

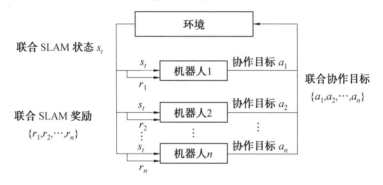

图 5.1　MAS－DQN 结构示意图

根据机器人之间的协作关系,可以将多机器人系统分成几个极大连通子图,一个机器人将被视为图中的一个节点,并建立从自身到目标的定向边。如果当前时刻该机器人正在到达预定地点的途中而无法对目标机器人进行观测,则该边是实线(图 5.2)。

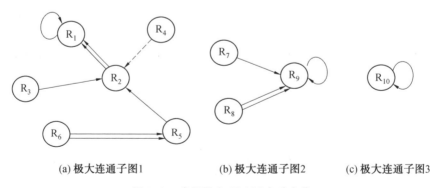

(a) 极大连通子图1　　　(b) 极大连通子图2　　　(c) 极大连通子图3

图 5.2　多机器人 SLAM 主动定位

如果协作刚刚完成,则该边用双线表示;如果协作失败,则该线为虚线;如果没有协作对象,则箭头指向到它自身。

根据协作关系将图 5.2 的协作图转换成无关联的任务树图(图 5.3),一个任务树 m_i 代表多机器人系统中的一个子任务,任务树中的每个节点 a 都有 $\forall a \in m, \pi(a, s_t) \in m$ 成立,多机器人系统的所有任务关系可以表示为一个任务集中所有子任务的集合 $M = \{m_0, m_1, m_2, \cdots, m_n\}$。

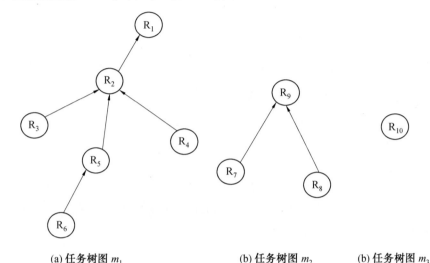

(a) 任务树图 m_1　　　　　　(b) 任务树图 m_2　　　(b) 任务树图 m_3

图 5.3　基于 MAS−DQN 多机器人 SLAM 任务

根据多机器人系统分层 RL 任务模型可知

$$Q(s_t, A) = \sum_{i=0} Q(s_t, m_i, A_0^i) \tag{5.11}$$

式中,s_t 为联合 SLAM 状态,由 MAS−DQN 观测函数通过对环境的感知获得;A 为多机器人系统的联合协作目标(联动目标);A_0^i 为任务树 m_i 中的根节点。每个任务组的 Q 值为

$$Q(s_t, 0, a_1) = \Phi^{\pi}(s_t, 0, a_1) + \sum_{S_t} P^{\pi}(s_t', s_t, a_1) \gamma \max Q(s_t', 0, \pi(s'))$$

其中,根节点的即时奖励为

$$\Phi^{\pi}(s_t, 0, a_1) = V^{\pi}(s_t, 0, a_1) + C^{\pi}(s_t, 0, a_1)$$

式中,$\Phi^{\pi}(s_t, 0, a_1)$ 为机器人 a_1 进行协作时自身获得的奖励;$C^{\pi}(s_t, 0, a_1)$ 为完成函数,用来表示机器人对任务的贡献及任务的进度;$V^{\pi}(s_t, 0, a_1)$ 为机器人执行的动作对自身的影响及以它为目标的机器人协作定位的共同作用,即

$$V^{\pi}(s_t, 0, a_1) = R(s_t, 0, a_1) + \sum_i (\Phi(s_t, a_i, a_{i1}))$$

最终,$\Phi^{\pi}(s_t, 0, a_1)$ 的形式可推演为

$$\Phi^{\pi}(s_t, 0, a_1) = \sum_i R(s_t, i, a_i) + \sum_i \sum_j C^{\pi}(s_t, i, a_{ij}) \tag{5.12}$$

由式(5.12)可知,多机器人协作 SLAM 算法的立即奖励为机器人执行动作时对自身定位及建图效果和对目标机器人协助定位的贡献的和。当机器人之间无协作时,定义单一机器人 x 的效用值为机器人同时定位及建图的效果,如

$$u(x) = -\text{loss}(x_r) \tag{5.13}$$

式中,$\text{loss}(x_r)$ 为机器人的位姿估计与实际位姿差,用来衡量机器人 SLAM 的效果,其计算方式为

$$\text{loss}(x_r) = \sqrt{(x_r' - x_r)^2 + (y_r' - y_r)^2 + (z_r' - z_r)^2} \tag{5.14}$$

多机器人系统无协作时的立即效用值(系统平均定位误差)的期望为

$$E[U(X)] = \frac{\sum_{x \in X} u(x)}{|X|} \tag{5.15}$$

若考虑机器人之间的协作对系统整体 SLAM 效果的影响,则每个机器人的立即效用值为

$$r(x) = u(x) + c(x, x') \tag{5.16}$$

式中,x' 为 x 的目标机器人;$c(x, x')$ 表示由协助定位对目标机器人位姿的影响。如果 x 从属于 g,那么由图5.2可知,x 必然不属于 $G-g$ 的任意一个子图,系统的整体效用值为

$$E[u(X)] = \frac{\sum_{g \in G} U(g)}{|x|} = \frac{\sum_{x \in X} r(x)}{|X|} \tag{5.17}$$

式中,G 为多机器人系统的子任务集。综上所述,计算所有机器人的累积回报就是计算多机器人系统执行 SLAM 过程中总的累积效用值。

MAS−DQN 将逐步学习累积效用函数 $U(S, A(X))$。其中,S 和 $A(X)$ 分别表示 MAS 的状态空间和行为空间。MAS−DQN 的最后一层是多机器人系统的决策层,决策层之前的所有层实际上是对 ORBSLAM 算法所获取的特征向量进行一个高级特征的提取。与决策层相连的权重决定了机器人的不同行为对整体累积奖励的影响,累计奖励就是 MAS−DQN 输出神经元的差异,是存在于系统中的智能机器人之间的属性不同造成的。在 MAS−DQN 算法中,该差异可以被学习到并用来提高多机器人系统 SLAM 的整体效果。

5.3.2 基于 ORBSLAM 特征的 MAS − DQN 的观察函数

在 MAS−DQN 的模型中,一个机器人在获得自身的 ORBSLAM 特征向量后,经过提炼就可以获得描述环境与机器人定位和建图相关的状态信息(state)。与一般的深度强化学习算法不同的是,MAS−DQN 是对处于多机器人系统中的所有机器人建模,观测函数获取的是所有机器人与协作 SLAM 相关的状态,MAS−DQN 根据机器人联合 SLAM 状态决定每个机器人的动作。本节将

会介绍 ORBSLAM 特征向量及 MAS－DQN 观测函数的具体形式。

ORBSLAM 系统是先进、实用的视觉 SLAM 架构之一,该系统通过在智能体上同时运行三个线程来完成其同时定位及建图的过程。在 tracking 线程中,系统利用被追踪的特征点来追踪平台的移动。local mapping 线程被用来创建全局地图和优化局部地图,loop closure 线程负责在机器人回到之前位置时检测闭环,闭环检测在降低智能体移动过程中产生的累积误差方面十分有效。

ORBSLAM 被独立地部署到每个机器人上,同时进行构建地图及自我定位。在 MAS－DQN 系统中,包含所有机器人位姿估计信息系统的状态(state)主要由三个方面组成,即地图点(map point)、关键帧(key frame)和闭环检测(loop closure detection)。 与这三个方面密切相关相关的变量组成了ORBSLAM 特征向量。下面对 ORBSLAM 特征向量的元素进行介绍。

(1)当前关键帧的地图点的个数。地图点是由关键帧与相邻帧匹配的特征点创建的。已匹配的地图点在计算智能体相邻两帧的相对运动时有着至关重要的作用,当前帧地图点的个数与计算相对运动的精度有着极其密切的关联。

(2)新关键帧和旧关键帧。特征向量的第二个变量和第三个变量是与关键帧(key frame)相关的变量。ORBSLAM 中的关键帧是根据要求严格选择出来的帧,以确保它们包含足够的地图信息,一些被证明含有不够精确的地图信息的关键帧将逐渐被删除。为估计在姿态估计中起决定性作用的邻近位置的地图信息的内容,ORBSLAM 状态向量中包含了上次采样时生成的新关键帧和消除的旧关键帧的数目。

(3)闭环检测。特征向量的第四个变量是与闭环检测的结果相关的变量。环路检测用来检测移动智能体是否已返回到以前访问过的位置。如果检测到闭环,则该闭环会对全局优化施加一个强约束。在特征向量中加入检测到的最后一个闭环检测帧的时间间隔,以衡量检测到的闭环对当前帧的影响。

(4)距离。最后一个关键变量是一个机器人到其他机器人的距离集合。机器人与目标机器人之间的距离越长,其协助目标的难度就越大。距离可以用 D＊ 算法来计算。D＊ 算法的特点是,当目标点与源点之间的地形已知时,可以得到最短路径和最短距离。如果不完全已知,则可以输出已知地形中的最短路径和目标点与源点之间的估计距离。ORBSLAM 特征向量包含 $m-1$(m 为机器人个数)个相对距离,分别表示机器人与其他 $m-1$ 个机器人之间的距离。

所有上述变量的有序排列是 ORBSLAM 特征向量。在算法 5.2 中,将引入基于 ORBSLAM 特征向量的观察函数。观察函数的输出代表了对整个多智能体系统整体 SLAM 状态的感知。所有智能体的 ORBSLAM 特征向量同时形成一个观察帧。考虑到 SLAM 过程的连续性,当系统对每个机器人进行宏观决策时,必须考虑到系统的前几帧的状态。因此,观测函数的输出应该包括当前帧和

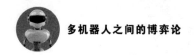

固定数目的前几帧。这些帧组成一个观测帧集,最终平展成一个向量作为观测函数的输出。观测函数的生成算法如算法 5.2 所示。算法中,参数 n 是观察帧的个数;m 是系统中的机器人的总数;$o(i,j)$ 是机器人 j 在时刻 i 的 ORBSLAM 特征向量。

算法 5.2　观测函数的生成算法

输入 o:ORBSLAM 特征向量的集合

输入 t:当前时刻的时间戳

输出 x:系统对当前时刻的全局感知

函数 ORSERVATIONFUNCTION(o,t)

For $i = 1$:n　do

　　For $j = 1$:m do

　　　　If $t - i + 1 > 0$ then

　　　　　　$x.\text{extend}(o(t-i+1,j))$

　　　　Else

　　　　　　$x.\text{extend}(o(1,j))$

　　　　End if

　　End for

$i \to i + 1$

End for

End function

5.3.3　MAS – DQN 奖励函数

奖励函数用来反映机器人通过行动达到新状态的立即回报。机器人的最终奖励函数为

$$r(i) = -[\mu\text{loss}_k(i) + \varepsilon(1-\mu)(\text{loss}_k(t) - \text{loss}_{k-1}(t))] \tag{5.18}$$

式中,$\text{loss}_k(i)$ 表示在时刻 k 时智能体 i 的损失;$\text{loss}_k(t) - \text{loss}_{k-1}(t)$ 表示智能体 i 对其目标 t 的协助贡献;μ 表示协助动作所产生的奖励在总奖励中的权重,同时也用于控制智能体重组的频率;ε 取决于协助的结果,其值为

$$\begin{cases} \varepsilon = 1, & \text{该时刻协助观测成功} \\ \varepsilon = 0, & \text{没有达到预定位置} \\ \varepsilon = -1, & \text{该时刻协助失败} \end{cases} \tag{5.19}$$

5.3.4　MAS－DQN 输出函数

输出层中有 $m\times(m+1)$ 个神经元，第 $(i-1)(m+1)+j$ 个神经元的输出代表学习到的第 i 个智能体对第 j 个智能体的协助行为的累积奖励值。如果 j 为 0，则表示该智能体不会采取任何操作；如果 $j=i$，则智能体 i 的 SLAM 过程是独立执行的，每个智能体将具有一定概率被授予一个具有最大累积回报行动的命令。

MAS－DQN 结构图如图 5.4 所示。

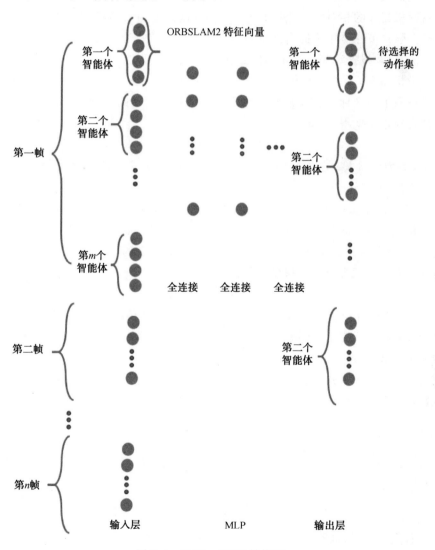

图 5.4　MAS－DQN 结构图

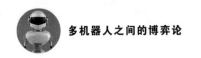

5.4　基于 MAS‑DQN 的协作子地图修正

　　在基于 MAS‑DQN 的多机器人协作 SLAM 机制中,机器人通过相互观察来执行 MAS‑DQN 给出的协作指令。某个机器人被系统指派协助另一机器人,该机器人称为协助机器人。首先,协助机器人到达预定的观测位置。如果所有的机器人无法到达预定的位置,则该协助行为被判断为协助失败,机器人通过对目标机器人的相对定位获得目标的位姿,该位姿为目标机器人优化位姿图提供一个强约束并被用于提高其位姿校正精度。本节将介绍目标机器人的位姿计算方法,以及根据观测后修正的位姿进行子地图修正的方法。

　　设机器人 i 观察到目标机器人 j 的一个特征点,该特征点在机器人 i 的摄像机坐标系下的坐标为 p_c^{ij},那么该特征点在世界坐标系的坐标可以通过机器人 i 的位姿经过变换得到,即

$$p_w^{ij} = \boldsymbol{R}_i \times p_c^{ij} + \boldsymbol{t}_i \tag{5.20}$$

式中,$\boldsymbol{R}_i$ 为机器人 i 的位姿中的旋转矩阵的逆矩阵;$\boldsymbol{t}_i$ 为机器人 i 的位姿矩阵的平移矩阵的相反数。

　　$\boldsymbol{R}_i$ 和 $\boldsymbol{t}_i$ 是摄像机位姿的另一种表现方式,与通用的位姿矩阵将世界坐标变换为相机坐标不同的是,该表现方式是将摄像机坐标变换为世界坐标。机器人模型上的每个特征点 p 在世界坐标系中的坐标是固定的,点 p 在世界坐标系中的坐标与点 p 在机器人 j 的摄像机坐标系的关系为

$$p_c' = \boldsymbol{R}_j \times p_w + \boldsymbol{t}_j \tag{5.21}$$

式中,$\boldsymbol{R}_j$ 和 $\boldsymbol{t}_j$ 分别表示机器人 j 位姿的旋转矩阵及平移矩阵;p_c' 代表特征点 p 在机器人 j 的实际模型中的坐标。因为在同一时刻可能会有多个机器人对目标机器人进行观测,所以直接对目标机器人的位姿进行求解的难度很大,而非线性优化的方法可以不断地让位姿的估计值通过迭代来接近真实值,构建机器人 j 的重投影误差总和,其具体内容为

$$E_j = \frac{1}{2} \sum_i \sum_k (p_k' - (R_j \times p_k^{ij} + t_j))^2 \tag{5.22}$$

　　对目标机器人 j 的位姿进行迭代的目的是使式(5.22)中的误差 E_j 最小化,即

$$\min_{R,t} \frac{1}{2} \sum_i \sum_k (p_k' - (R_j \times p_k^{ij} + t_j))^2 \tag{5.23}$$

　　首先,将表示机器人位姿的变换矩阵转化为可求导的形式,旋转矩阵满足约束 $\boldsymbol{R}\boldsymbol{R}^\mathrm{T} = \boldsymbol{I}$。对上述约束进行时间求导,可得

$$\dot{\boldsymbol{R}}(t)\boldsymbol{R}(t)^{\mathrm{T}}+\boldsymbol{R}(t)\dot{\boldsymbol{R}}(t)^{\mathrm{T}}=0 \tag{5.24}$$

综上所述,对于反对称矩阵 $\dot{\boldsymbol{R}}(t)\boldsymbol{R}(t)^{\mathrm{T}}$,由式 5.24 可知,必然存在一个三维实数向量 $\boldsymbol{\varphi}(t)\in \boldsymbol{R}^3$ 与其对应,即

$$\boldsymbol{\varphi}(t)^{\wedge}=\dot{\boldsymbol{R}}(t)\boldsymbol{R}(t)^{\mathrm{T}}=\begin{bmatrix} 0 & -\varphi_3 & \varphi_2 \\ \varphi_3 & 0 & -\varphi_1 \\ -\varphi_2 & \varphi_1 & 0 \end{bmatrix}$$

式中, $\wedge$ 符号表示由向量转换为矩阵。进一步可以得到

$$\dot{\boldsymbol{R}}(t)=\boldsymbol{\varphi}(t)^{\wedge}\times \boldsymbol{R}(t) \tag{5.25}$$

求解式(5.25)可得到

$$\boldsymbol{R}(t)=e^{\boldsymbol{\varphi}(t)^{\wedge}}\boldsymbol{R}(t_0) \tag{5.26}$$

由式(5.26)可知,任意时刻的旋转矩阵 $\boldsymbol{R}$ 可以通过一个三维实数向量 $\boldsymbol{\varphi}$ 计算得出, $\boldsymbol{\varphi}$ 反映了 $\boldsymbol{R}$ 的导数性质,故称其在三维旋转转群 SO(3) 的正切空间上,又称 $\boldsymbol{R}$ 的李代数。同理,利用特殊欧式群 SE(3) 及对应的李代数可得

$$\mathrm{SE}(3)=\left\{\zeta=\begin{bmatrix} \rho \\ \varphi \end{bmatrix}\in \boldsymbol{R}^6,\rho \in \boldsymbol{R}^3,\varphi \in \mathrm{SO}(3),\zeta=\begin{bmatrix} \varphi^{\wedge} & \rho \\ \boldsymbol{0}^{\mathrm{T}} & 0 \end{bmatrix}\in \boldsymbol{R}^{4\times 4}\right\}$$
$$\tag{5.27}$$

式中,每个变换矩阵有六个自由度,故其对应的李代数位于 $\boldsymbol{R}^6$ 中。

欲求解式(5.23)R_j 和 t_j 的最优解,首先需计算 $\dfrac{\partial R_j \times p_k^{ij}}{\partial R_j}$,可通过采用 SO(3) 李代数上的扰动模型,对 R_j 进行一个左扰动操作,即对 R_j 的左边乘一个李代数为 φ 的 ΔR,然后计算结果相对于该 ΔR 的变化率即可,具体形式为

$$\frac{\partial R_j \times p_k^{ij}}{\partial \varphi}=\lim_{\varphi \to 0}\frac{e^{\varphi^{\wedge}}e^{\varphi^{\wedge}}p_k^{ij}-e^{\varphi^{\wedge}}p_k^{ij}}{\varphi}=\lim_{\varphi \to 0}\frac{(\boldsymbol{I}+\varphi^{\wedge})e^{\varphi^{\wedge}}p_k^{ij}-e^{\varphi^{\wedge}}p_k^{ij}}{\varphi}$$

$$=\lim_{\varphi \to 0}\frac{\varphi^{\wedge}R_j p_k^{ij}}{\varphi}=\lim_{\varphi \to 0}\frac{-(R_j p_k^{ij})^{\wedge}\varphi}{\varphi}=-(Rp_k^{ij})^{\wedge} \tag{5.28}$$

同理,可以采用 SE(3) 李代数群上的扰动模型对 $\dfrac{\partial t_j \times p_k^{ij}}{\partial t_j}$ 进行求导,有

$$\frac{\partial t_j \times p_k^{ij}}{\partial \delta \zeta}=\lim_{\delta \zeta \to 0}\frac{e^{\delta \zeta^{\wedge}}e^{\zeta^{\wedge}}p_k^{ij}-e^{\zeta^{\wedge}}p_k^{ij}}{\delta \zeta}=\lim_{\delta \zeta \to 0}\frac{(\boldsymbol{I}+\delta \zeta^{\wedge})e^{\zeta^{\wedge}}p_k^{ij}}{\delta \zeta}$$

$$=\lim_{\delta \zeta \to 0}\frac{\delta \zeta^{\wedge}e^{\zeta^{\wedge}}p_k^{ij}}{\delta \zeta}=\lim_{\delta \zeta \to 0}\frac{\begin{bmatrix} \delta \varphi^{\wedge} & \delta \rho \\ \boldsymbol{0}^{\mathrm{T}} & 0 \end{bmatrix}\begin{bmatrix} Rp_k^{ij}+t \\ 1 \end{bmatrix}}{\delta \zeta}$$

$$=\lim_{\delta \zeta \to 0}\frac{\begin{bmatrix} \delta \varphi^{\wedge}(R_j p_k^{ij}+t)+\delta \rho \\ 0 \end{bmatrix}}{\delta \zeta}=\begin{bmatrix} \boldsymbol{I} & -(R_j p_k^{ij}+t) \\ \boldsymbol{0}^{\mathrm{T}} & \boldsymbol{0}^{\mathrm{T}} \end{bmatrix}=(t_j p_k^{ij})^{\ominus} \tag{5.29}$$

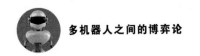

式中，Θ 为简化结果新定义的运算符，将一个 4×4 的矩阵变成一个 4×6 的矩阵；t_j 为机器人 j 的平移变换矩阵。

目标机器人整体的重投影误差损失函数相对于其估计位姿的导数为

$$\frac{\partial E_j}{\partial \delta\zeta} = \frac{\frac{1}{2}\sum_i \sum_k (p'_k - t_j \times p_k^{ij})^2}{\partial \delta\zeta} = \sum_i \sum_k (t_j \times p_k^{ij} - p'_k)(t_j p_k^{ij})^\Theta$$

（5.30）

综上所述，可以求出 $\dfrac{\partial E_j}{\partial \delta\zeta}$，即可利用迭代法求得最优解。

为此，首先设定累计的重投影误差函数 $e_j(\zeta_j)$ 为

$$e_j(\zeta_j) = p'_k - e^{\zeta_j^\wedge} \times p_k^{ij}$$

（5.31）

将 $e_j(t_j)$ 进行一阶泰勒级数展开可得

$$e_j(\zeta_j + \Delta\zeta_j) = e_j(\zeta_j) + J(\zeta_j)\Delta\zeta_j$$

（5.32）

式中，$J(\zeta_j)$ 为 $e_j(\zeta_j)$ 对 ζ_j 的导数，则只需求一个 $\Delta\zeta_j$ 的小矢量，令

$$\Delta t_j^* = \mathrm{argmin}_{\Delta_j} \frac{1}{2}(e_j(\zeta_j) + J(\zeta_j)\Delta\zeta_j)^2$$

成立即可。对上式进一步扩展可得

$$\frac{1}{2}(e_j(\zeta_j) + J(\zeta_j)\Delta\zeta_j)^2 = \frac{1}{2}(e_j(\zeta_j) + J(\zeta_j)\Delta\zeta_j)^T(e_j(\zeta_j) + J(\zeta_j)\Delta\zeta_j)$$

$$= \frac{1}{2}(e_j(\zeta_j)^2 + 2e_j(\zeta_j)^T J(\zeta_j)\Delta\zeta_j +$$

$$\Delta\zeta_j^T J(\zeta_j)^T(\zeta_j)\Delta\zeta_j)$$

（5.33）

求式（5.33）关于 $\Delta\zeta_j$ 的导数，即

$$J(e_j)^T J(\zeta_j)\Delta\zeta_j = -J(\zeta_j)^T e_j(\zeta_j)$$

（5.34）

求解时，首先设定 ζ_j^0 的一个初值，然后在第 k 次迭代时计算当前以 ζ_j^k 为李代数的位姿所求得的雅可比矩阵 $J(\zeta_j^k)$ 及误差 $e_j(\zeta_j^k)$，然后求解式（5.34）可得出 $\Delta\zeta_j$。进一步判断 $\Delta\zeta_j$ 的大小，如果 $\Delta\zeta_j$ 足够小，则终止迭代并以 ζ_j 为最优解；否则，令 $\zeta_j^{k+1} = \zeta_j^k + \Delta\zeta_j$，继续迭代，直至找到最优解。

目标机器人得到当前帧修正后的位姿之后，将会根据该位姿修正局部子地图。

5.5　基于 MAS－DQN 的多机器人协作 SLAM 算法流程

基于 MAS－DQN 的多智能体协作 SLAM 算法如算法 5.3 所示,机器人与调度中心的算法总体结构图如图 5.5 所示。

算法 5.3　基于 MAS－DQN 的多智能体协作 SLAM 算法

1:初始化 MAS－DQN 的权值

2:命令所有机器人广播返回信息,且等所有回应到达后进行下一步

3:根据机器人返回的局部地图,按照本书 4.7 节所属方法生成全局地图

4:生成 ORBSLAM 特征向量及对应的奖励函数

5:将 $(\varphi_j, a_j, r_j, \varphi_{j+1})$ 添加至 MAS－DQN 经验回放缓冲区

6:利用经验回放缓冲区对 MAS－DQN 进行训练

7:MAS－DQN 输出所有机器人的行为 a

机器人端:

8:每个机器人以 ε 为概率执行 a,以 $1-\varepsilon$ 为概率随机选择其他行为

9:如果机器人的目标为自身,则进行自由探索,结束该周期行动

10:如果机器人的目标为空,则机器人停止移动并等待其他机器人协助,结束该周期行动

11:如果机器人的目标与上一个周期不同,令任务周期数 life → 0,否则令 life → life＋1

12:如果 life 大于任务周期上限,则返回"任务失败"信号给调度中心;否则,机器人在当前任务周期执行目标

13:如果机器人达到预定位置的一定范围,则对目标进行定位

14:根据定位结果返回定位是否成功

MAS－DQN 结束该周期对机器人端的调用

15:根据每个机器人的回复生成该状态的立即奖励

16:跳转到第 2 步,并继续执行程序,直到程序结束

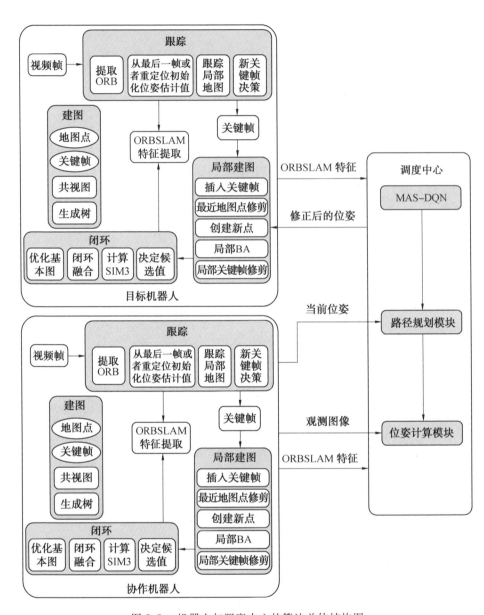

图 5.5　机器人与调度中心的算法总体结构图

5.6　实验结果与分析

本节介绍的模拟实验是为评估所提出的基于 MAS−DQN 的多机器人协作 SLAM 算法与其他类型的多机器人 SLAM 算法的比较，以及当算法采取不同参数时算法性能的变化，实验同样是在 ROS 平台上模拟真实的物理环境进行的。为验证构建稠密地图的效果，本次实验的环境设定为室内环境。仿真环境建立了一个模拟的移动机器人模型，并将"Kinect"作为视觉传感器。每个机器人的初始相对姿态是已知的，并且 ORBSLAM 独立地部署在每个机器人上。实验所采用的机器人和室内仿真环境如图 5.6 所示。

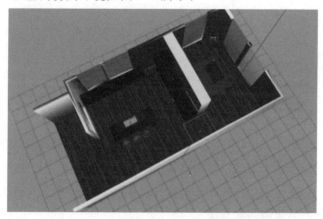

图 5.6　实验所采用的机器人和室内仿真环境

MAS 中衡量 SLAM 效应的主要指标是机器人轨迹的平移 RMSE、旋转 RMSE 及建图的准确度。虽然实验环境中的智能体具有相同的模型，但是实验可以通过改变其与运动和相对定位时视觉采样相关的能力值来体现其属性的差异。它们的线加速度、角速度和最大线速度服从正态分布 $N(\mu,\sigma_1)$，其中 σ_1 用于控制机器人能力值的离散性，用来在智能体属性值发生不同程度变化时测试算法的性能。当涉及视觉传感器时，加入服从正态分布 $N(\mu,\sigma_2)$ 的噪声到视觉传感器所采集到的图像上，机器人的摄像机噪声方差 s_2 仍服从正态分布 $N(\mu,\sigma_2)$。

实验共设立了五个子实验来验证本章所提算法的有效性。下面是所有实验和相应实验的细节与结果，实验在 $s_1=0.2$ 的条件下进行。所有的对比实验都是 MAS−DQN 训练过程收敛后进行的。

1. 实验 1

本实验展示了协作在多机器人 SLAM 中的作用，其中两种比较算法解释如下。

（1）MAS－DQN。基于 MAS－DQN 的多机器人协作 SLAM。

（2）非协作多机器人系统。每个机器人都独立地进行 SLAM,没有进行任意协作。

基于 MAS－DQN 的一次协作 SLAM 对被协助的机器人局部地图的优化对比如5.7所示。从图中可以看出,被协作的机器人的即时位姿及与其相连的共视关键帧都得到了有效的修正。

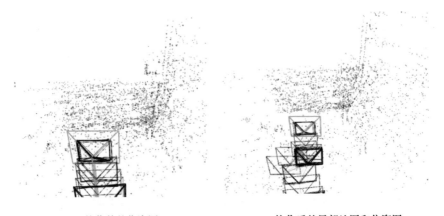

(a) 协作前的位姿图   (b) 协作后的局部地图和位姿图

图 5.7　基于 MAS－DQN 的一次协作 SLAM 对被协助的机器人局部地图的优化对比

实验1中机器人定位的 RMSE 结果比较如图5.8所示,所有各机器人得到的子地图和全局地图如图5.9和图5.10所示。

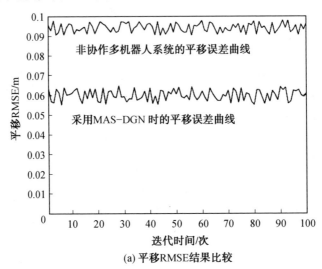

(a) 平移RMSE结果比较

图 5.8　实验 1 中机器人定位的 RMSE 结果比较

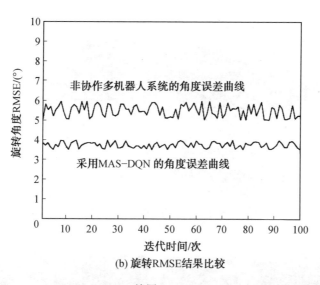

(b) 旋转RMSE结果比较

续图 5.8

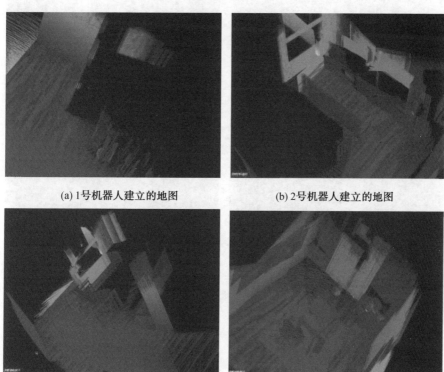

(a) 1号机器人建立的地图　　　　　　　(b) 2号机器人建立的地图

(c) 3号机器人建立的地图　　　　　　　(d) 4号机器人建立的地图

图 5.9　无协作时机器人系统构建的子地图和全局地图

(e) 多机器人系统构建的全局八叉树地图

续图 5.9

(a) 1号机器人建立的地图
(b) 2号机器人建立的地图

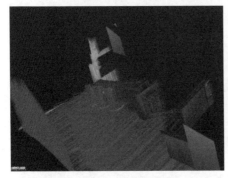

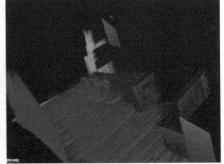

(c) 3号机器人建立的地图
(d) 4号机器人建立的地图

图 5.10　MAS－DQN 中多机器人系统构建的子地图和全局地图

(e) 多机器人系统构建的全局八叉树地图

续图 5.10

该算法与无协作机制的多机器人 SLAM 算法相比,将平移 RMSE 减少 36.3%,旋转 RMSE 减少 31.09%,并且各个子地图及全局地图的融合效果均有较大提升。

2. 实验 2

本实验的主要目的是将算法与机器人之间不考虑属性和状态的协作机制进行比较。实验 2 中机器人定位的 RMSE 结果比较如图 5.11 所示。实验 2 中机器人定位的 RMSE 结果比较表明,该算法减少了 28.48% 的平移 RMSE 和 30.99% 的旋转 RMSE。其中,Max cluster 为基于无距离红外传感器最大簇匹配的多机器人相对定位算法。

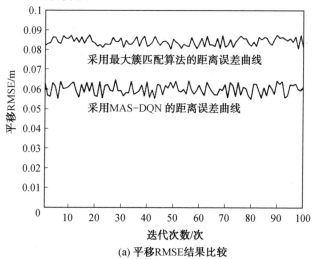

(a) 平移 RMSE 结果比较

图 5.11　实验 2 中机器人定位的 RMSE 结果比较

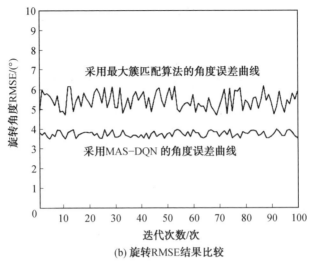

(b) 旋转RMSE结果比较

续图 5.11

3. 实验 3

本实验对所提出的算法与其他基于特征的 MRTA 算法进行了比较,实验 3 中机器人定位的 RMSE 结果比较如图 5.12 所示。其中,两种比较算法解释如下。

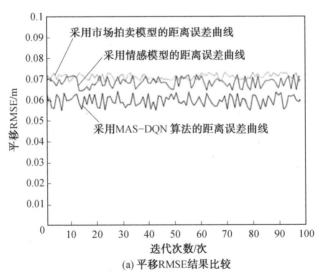

(a) 平移RMSE结果比较

图 5.12　实验 3 中机器人定位的 RMSE 结果比较

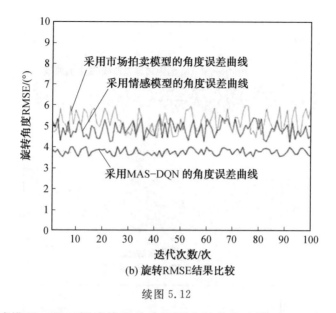

(b) 旋转 RMSE 结果比较

续图 5.12

（1）情感模型。基于情感算法的多机器人任务分配模型。

（2）市场拍卖模型。基于市场拍卖算法的多机器人任务分配模型。

在基于任务分配的多机器人协作 SLAM 机制中,如果有的机器人在移动的过程中丢失了对位姿的跟踪,多机器人系统则生成一个对该机器人进行观测的任务并对该任务进行分配。实验分别利用情感算法及市场拍卖算法来进行任务分配的对比算法。基于 MAS－DQN 的多机器人协作 SLAM 与情感算法相比,令平移 RMSE 及旋转 RMSE 分别下降了 13.16％ 及 22.38％。与市场拍卖算法相比,MAS－DQN 使平移 RMSE 降低了 16.31％,旋转 RMSE 降低了 27.79％,将旋转 RMSE 的平均增长率分别降低了 12.96％ 和 11.69％。

4. 实验 4

本实验主要比较了所提出的算法和仅依靠地图的先验信息进行协作多智能体 SLAM 算法的效果,实验 4 中机器人定位的 RMSE 结果比较如图 5.13 所示。实验中所采取的算法解释如下。

（1）MAS－DQN。基于 MAS－DQN 的多机器人协作 SLAM。

（2）MR－vSLAM。基于 MR－vSLAM 的多机器人协作 SLAM,该框架中的每个机器人将其他成员看作自身的一个传感器的延伸,通过自定义通信协议,完成多地图融合的任务。

实验结果表明,基于 MAS－DQN 的多机器人协作 SLAM 与基于 MR－vSLAM 的多机器人协作 SLAM 框架相比,降低了多机器人系统中的机器人集群 7.9％ 的平均平移 RMSE 和 13.06％ 的平均旋转 RMSE。

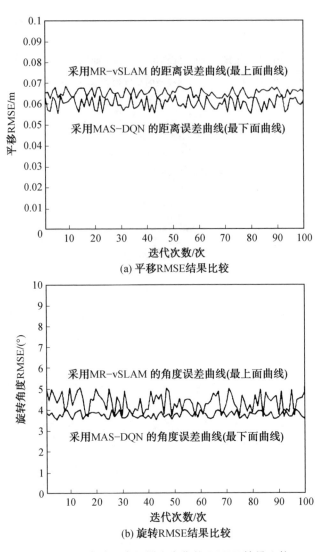

图 5.13 实验 4 中机器人定位的 RMSE 结果比较

5.7 本章小结

    本章提出了一种基于 MAS－DQN 多机器人协作 SLAM 算法。该算法采用一种新的基于 ORBSLAM 的观测函数来感知整个 MAS 的同时建图及定位的状态,设计了一个基于 rainbow 深度强化学习框架 MAS－DQN 来学习系统的整体效用函数 $U(S, a(x))$ 及机器人的属性差异,并且证明了该算法的有效性。仿真结果表明,与情感模型、市场拍卖模型和 MR－vSLAM 模型相比,MAS－DQN 的平移 RMSE 分别降低了 13.16%、16.31% 和 7.9%,而旋转 RMSE 也分别降低了 22.38%、27.79% 和 13.06%。然而,该算法不可避免地给调度中心带来了巨大的计算成本,使得系统的实时性受到一定的影响。

第 6 章

多机器人追捕博弈问题中追逃约束条件研究

本章首先对多机器人系统中最基本的二人追逃博弈问题进行概述；然后给出多机器人追逃成功追捕的必要约束条件；再详细描述逃跑机器人的逃跑策略以及满足约束条件下的"贪婪最优"的追捕策略；最后通过仿真实验进一步证明本章提出的约束条件是正确有效的。

6.1　引　言

多机器人追逃问题(multi-robot pursuit-evasion problem)又称多机器人合作追捕多目标博弈问题(multi-robot cooperative pursuit of multi-objective game problem),研究如何指导一群自主型移动机器人(追捕者)相互合作去捕捉另一群运动的机器人(猎物),多年来一直是众多人工智能研究人员关注的研究热点。一对一的双人机器人追捕问题首先由 Isaacs 提出,通过构造追捕者和逃跑者运动的偏微分方程,求解其"鞍点",得出追捕者的实时追捕方向,并根据该方向求解出追捕时间。随着研究的深入,多机器人追捕问题自然提出。但是构造包含多个追逃机器人的偏微分方程变得越来复杂,由于中间态的不确定性,因此该求解方法基本上变得不可行。为简化问题的求解复杂度,其中的一部分研究人员转而关注离散化的多机器人追捕博弈问题,提出了强化学习方法、合同网方法及其扩展方法等一系列求解方法。另外一部分研究人员分两条途径来研究连续状态的多机器人协作追捕博弈问题,一是把多机器人追捕问题分解为多个双人机器人追逃问题,核心是如何分解及如何加强协作,主要方法有基于分层分解方法;二是利用状态简化技术,如 CMAC、模糊技术,把连续状态转化为离散状态,从而利用离散化求解方法来实现多机器人追捕。

以上研究都是基于追捕者的能力不低于逃跑者的情况下,在追捕者能力低于逃跑者时,能否实现成功追捕是尚待继续深入研究的领域。苏治宝通过实验发现机器人的追捕性能受机器人数量的影响,其基本规律是追捕者人数目越多,越容易追到逃跑者,但是没有给出定量结论。付勇则进一步通过实验得出追捕者和逃跑者速度比值如果控制在 $\sin(\pi/n)$ 以上(其中 n 为追捕机器人数量),追捕者比较容易追捕到逃跑者,而低于此值则很难追捕到,并提出了一种伏击追捕策略,但是也没有给出具体机器人相对位置和追捕成败之间的关系。本章针对追捕者能力低于逃跑者情况下的追捕进行进一步研究,从理论上分析研究追逃机器人满足何种最低能力约束条件时,追捕者肯定可以追到逃跑者。

V_p 和 V_e 分别表示追捕者和逃跑者的最大速度。令 $\lambda = V_p/V_e$,针对 $\lambda > 1$、$\lambda = 1$ 情况下的追逃博弈研究目前很多,只要追捕者采用正确追捕方法,都可以实现成功追捕,本章不再赘述,而专注于研究在 $\lambda < 1$ 情况下实现成功追捕的约束条件。

本章首先介绍双人追逃博弈问题描述,给出追捕机器人的控制区域相关证明,然后给出多个机器人追捕 1 个逃跑者的追捕约束条件,即在逃跑者性能优于追捕者情况下的 2 个追捕成功必要条件,并给出逃跑机器人的逃跑策略及满足约束条件下的"贪婪最优"追捕策略,最后通过实验进一步证明本章提出的约束条件是正确有效的。

6.2　两人追逃博弈问题描述

仅有一个追捕者 p 和一个逃跑者 e 的追捕动态方程为

$$\begin{cases} \dot{x}_p = v_p \cos \theta_p, \dot{y}_p = v_p \sin \theta_p \\ \dot{x}_e = v_e \cos \theta_e, \dot{y}_e = v_e \sin \theta_e \end{cases} \tag{6.1}$$

式中,θ 表示对应机器人的运动方向角度。令初始位置为 (x_{p0}, y_{p0})、(x_{e0}, y_{e0}),追捕者和逃跑者的实时位置为 $P(x_p, y_p)$、$E(x_e, y_e)$。v_p、v_e 分别为追捕者和逃跑者的速度,$v_p \in [0, V_p]$,$v_e \in [0, V_e]$。定义 ε 为预先给定的一个较小实数,可以理解为抓捕距离,当追捕者和逃跑者的距离小于 ε 时,$d(p(x_p, y_p), p(x_e, y_e)) \leqslant \varepsilon$,则表示逃跑者被捕获,$d(\bullet, \bullet)$ 为希尔伯特空间的一个范式。

阿波罗尼奥斯圆(Apollonius circle)如图 6.1 所示,P、E 分别表示追捕者和逃跑者的位置,$M(x_m, y_m)$ 为平面中的任意点,如有 $\lambda = MP/ME (\lambda < 1)$,则 M 的轨迹即形成阿波罗尼奥斯圆,而该圆上的每个点也可以理解成追逃双方如果都采用最大速度,则可以实现同时到达。该圆的特点如下:圆心 O 必在点直线上,点 C、D 分别是外内分点,有 $CP/CE = \lambda$,$DP/DE = \lambda$,利用平面几何的相关知识,计算得出该阿波罗尼奥斯圆的圆心坐标为 $O\left(\dfrac{x_p - \lambda^2 x_e}{1 - \lambda^2}, \dfrac{y_p - \lambda^2 y_e}{1 - \lambda^2}\right)$,圆的半径为

$$r = \lambda \sqrt{(x_p - x_e)^2 + (y_p - y_e)^2} / (1 - \lambda^2) \tag{6.2}$$

从式(6.2)中可以看出,如果 λ 越小,即逃跑者速度比追捕者快得越多,则阿波罗尼奥斯圆的半径就越小,此时逃跑者有一个更大范围的路径逃生,这也给追捕者带来了更大的追捕难度,非常符合实际情况。

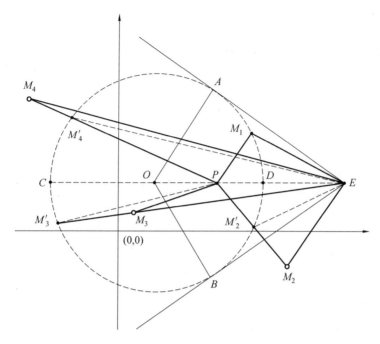

图 6.1   阿波罗尼奥斯圆

定理   在追捕者和逃跑者都以恒速运动并且追捕者的速度小于逃跑者的情况下,追捕者捕获逃跑者的捕获范围为它们之间所形成的阿波罗尼奥斯圆,即逃跑者的逃跑路径必须经过阿波罗尼奥斯圆才有可能被追捕者捕获,并且被捕获点位于阿波罗尼奥斯圆内。

证明   (1) 如图 6.1 所示,M_1 为阿波罗尼奥斯圆上的任意点,若逃跑者 E 的运动方向为 $\overrightarrow{EM_1}$,设追捕者 P 的追捕方向为 $\overrightarrow{PM_1}$,则 $|\overrightarrow{PM_1}|/|\overrightarrow{EM_1}|=\lambda$。

设经过时间 t_1 后逃跑者到达点 M_1,则 $V_e t_1=|\overrightarrow{EM_1}|$。

又知 $\lambda=V_p/V_e$,因此

$$V_p t_1/V_e t_1=V_p/V_e=\lambda=|\overrightarrow{PM_1}|/|\overrightarrow{EM_1}|,V_p t=|\overrightarrow{PM_1}|$$

即追捕者刚好在 M_1 点捕获到逃跑者。

(2) 若逃跑者的运动方向在 $\angle AEB$ 之外,则逃跑者的运动路径不会经过阿波罗尼奥斯圆。设 M_2 为逃跑者运动方向上的任意点,$\overrightarrow{PM_2}$ 为追捕者的追捕方向,$M_{2'}$ 为 PM_2 与阿波罗尼奥斯圆的交点,则有 $|\overrightarrow{PM_{2'}}|/|\overrightarrow{EM_{2'}}|=\lambda$。

设追捕者经过时间 $t_{2'}$ 到达 $M_{2'}$,则 $V_p t_{2'}=|\overrightarrow{PM_{2'}}|$,可得

$$V_e t_{2'}=|\overrightarrow{EM_{2'}}|$$

设追捕者和逃跑者分别用时间 t_{p2} 和 t_{e2} 到达点 M_2,则有

$$t_{e2} = \frac{|\overrightarrow{EM_2}|}{V_e}$$

$$< \frac{|\overrightarrow{EM_{2'}}| + |\overrightarrow{M_{2'}M_2}|}{V_e}$$

$$= \frac{|\overrightarrow{EM_{2'}}|}{V_e} + \frac{|\overrightarrow{M_{2'}M_2}|}{V_e}$$

$$= t_{2'} + \frac{|\overrightarrow{M_{2'}M_2}|}{V_e}$$

$$= \frac{|\overrightarrow{PM_{2'}}|}{V_p} + \frac{|\overrightarrow{M_{2'}M_2}|}{V_e}$$

$$< \frac{|\overrightarrow{PM_{2'}}|}{V_p} + \frac{|\overrightarrow{M_{2'}M_2}|}{V_p}$$

$$= \frac{|\overrightarrow{PM_{2'}}| + |\overrightarrow{M_{2'}M_2}|}{V_p}$$

$$= t_{p2}$$

因此,这种情况下追捕者无法捕获逃跑者。

(3) 若逃跑者的运动方向在 $\angle AEB$ 内,M_3 为逃跑者运动路径上位于阿波罗尼奥斯圆内部的任意点,$M_{3'}$ 为逃跑者运动路径与阿波罗尼奥斯圆的一个交点,设追捕者的追捕方向为 $\overrightarrow{PM_3}$,此时有 $|\overrightarrow{PM_{3'}}|/|\overrightarrow{EM_{3'}}| = \lambda$。设追捕者和逃跑者分别用时间 t_{p3} 和 t_{e3} 到达点 M_3,则有

$$t_{p3} = \frac{|\overrightarrow{PM_3}|}{V_p} < \frac{|\overrightarrow{PM_{3'}}|}{V_p} = \frac{|\overrightarrow{EM_{3'}}|}{V_e} = t_{e3}$$

即在圆内,即使双方都采用最优策略,也能确保追捕者追捕到逃跑者。

(4) 若逃跑者的运动方向在 $\angle AEB$ 内,M_4 点为逃跑者运动路径上位于阿波罗尼奥斯圆外面的任意点,逃跑者想最快到达 $M_{4'}$ 点必然进入阿波罗尼奥斯圆,则在此过程中就被捕获。

6.3　多机器人追逃博弈成功追捕的约束条件

在多机器人追捕中,除速度这个关键要素外,追逃机器人的感知半径也非常重要,在双方机器人的感知半径非常小的情况下,追捕机器人可以通过通信实现预先设伏,从而形成包围圈,达到实现围捕的目的。本节考虑追捕半径无限大情况下的机器人追捕,即研究不利用逃跑机器人的视觉缺陷实现成功追捕的约束条件。

6.3.1　成功追捕的必要条件一

由定理 1 可知,当多个追捕者追捕 1 个逃跑者时,在接近成功实现围捕的追捕最后阶段,如果能够实现逃跑者的逃跑路径必须经过某个追捕者所在的阿波罗尼奥斯圆内,则只要追捕者选择合适的追捕策略,必然可以捕获逃跑者。如果逃跑者、追捕者之间的阿波罗尼奥斯圆存在空隙,则逃跑者采用最优策略,肯定可以实现逃脱。E 表示逃跑者;$P_1, P_2, \cdots, P_n$ 分别表示 n 个追捕者;圆 O_1, $O_2, \cdots, O_n$ 分别表示 $P_1, P_2, \cdots, P_n$ 与 E 构成的追捕阿波罗尼奥斯圆圆心。要实现逃跑者无成功逃脱路径,则必须实现圆 $O_1, O_2, \cdots, O_n$ 中相邻圆两两相切(相交)。n 个追捕者围捕 1 个逃跑者示意图如图 6.2 所示。可以发现,在相同追捕者数量的情况下,要求与相邻圆相交比与相邻圆相切的追捕阿波罗尼奥斯圆具有更大的圆半径。本章研究最小的追逃速率比例,因此选择相邻的圆两两相切。

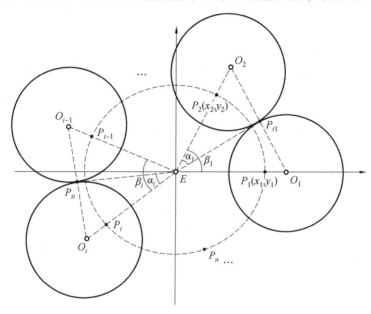

图 6.2　n 个追捕者围捕 1 个逃跑者示意图

令 P_{t1} 为圆 O_1 和圆 O_2 的切点,P_{ti} 为圆 O_{i-1} 和圆 O_i 的切点,α_1 和 β_1 分别表示 $\angle P_{t1}EO_2$ 和 $\angle O_1EO_2$,α_i 和 β_i 分别表示 $\angle P_{ti}EO_i$ 和 $\angle O_{i-1}EO_i$,则有 $\beta_1 + \cdots + \beta_i + \cdots + \beta_n = 2\pi$。本章限制条件追捕机器人采用同构机器人,即它们的速度相等,则 $\beta_1 = \cdots = \beta_i = \cdots = \beta_n$,得

$$\alpha_1 = \beta_1 / 2 = \frac{\pi}{n} \tag{6.3}$$

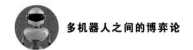
满足 $\sin\alpha_1 = \dfrac{O_2 P_{t1}}{EO_2}$，代入圆心坐标及式（6.2），得到

$$\sin\alpha_1 = \frac{\lambda\sqrt{{x_2}^2 + {y_2}^2}/(1-\lambda^2)}{\sqrt{\left(\dfrac{x_2}{1-\lambda^2}\right)^2 + \left(\dfrac{y_2}{1-\lambda^2}\right)^2}} = \lambda$$

代入式（6.3），得到

$$\sin\frac{\pi}{n} = \lambda = \frac{V_p}{V_e}$$

上面证明了 n 个追捕者为成功追捕 1 个逃跑者，追捕者速度必须达到的阈值，而在追捕者速度刚达到阈值的情况下，追捕者必然在逃跑者周围均匀分布才能保证阿波罗尼奥斯圆两两相交（或相切）。n 个追捕者围捕 1 个逃跑者不均匀分布示意图如图 6.3 所示。

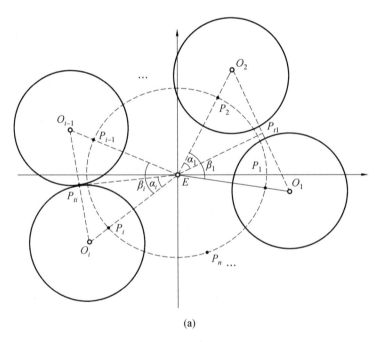

(a)

图 6.3　n 个追捕者围捕 1 个逃跑者不均匀分布示意图

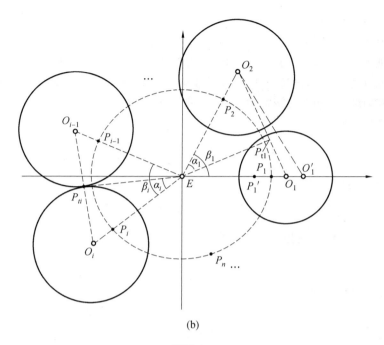

(b)

续图 6.3

在图 6.3(a) 中，P_1 与 E 的距离没变，但是向下移动了一段距离。因为向下移动了一段距离，所以 O_1O_2 的长度变长了，阿波罗尼奥斯圆的半径没变，很容易得到圆 O_1 与圆 O_2 不相交。在不改变位置的前提下，要使这两个阿波罗尼奥斯圆至少相切，需要增大阿波罗尼奥斯圆的半径。由式(6.2) 可知，只有增大 λ 的值，因为 $\lambda = V_p / V_e$，所以需要增加追捕者的速度才能满足。

在图 6.3(b) 中，P_1 与 E 的距离变近了，但是从 E 到 P_1 的向量的角度没有变化。$O_1O_2 = r_1 + r_2$，由于追捕者和逃跑者的速度没变，因此 λ 值也没变。由式(6.2) 可知，追捕者的位移与追捕者的阿波罗尼奥斯圆的半径变化相等，所以有

$$r_1 - r_1' = \sqrt{(y_{p1} - y_{p1'})^2 + (x_{p1} - x_{p1'})^2}$$

P_1 移动前后的圆心坐标分别为 $O_1\left(\dfrac{x_{p1} - \lambda^2 x_e}{1 - \lambda^2}, \dfrac{y_{p1} - \lambda^2 y_e}{1 - \lambda^2}\right)$ 和 $O_1'\left(\dfrac{x_{p1'} - \lambda^2 x_e}{1 - \lambda^2}, \dfrac{y_{p1'} - \lambda^2 y_e}{1 - \lambda^2}\right)$，则有

$$O_1O_1' = \sqrt{\frac{(y_{p1} - y_{p1'})^2}{1 - \lambda^2} + \frac{(x_{p1} - x_{p1'})^2}{1 - \lambda^2}} = \frac{\sqrt{(y_{p1} - y_{p1'})^2 + (x_{p1} - x_{p1'})^2}}{\sqrt{1 - \lambda^2}}$$

$$> r_1 - r_1'$$

因此可以得到

$$O_2O_1' > O_2O_1 - O_1O_1' = (r_1 - r_2) - (r_1 - r_1') = r_2 + r_1'$$

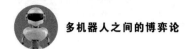

由此可以证明,移动后的两圆心距离比两圆半径之和大,所以两圆不相交。同上文所述,要使两圆能够相交,必须增加追捕者的速度。

其他不均匀的情况均可由这两种情况演化得出,由上述证明可知,追捕成功的必要条件之一是确定追捕者的最低速度。当追捕者大于或等于该最低速度时,形成两两相交的阿波罗尼奥斯圆,追捕成功;否则,无法形成两两相交的阿波罗尼奥斯圆,追捕不成功。

追捕者的速度和逃跑者的速度比与追捕者的数量有关,追捕者越多,则对追捕者的速度性能要求越低,在较小速度下也能够实现成功追捕,即追捕成功的第一个必要条件为

$$V_p/V_e \geqslant \sin \pi/n$$

6.3.2　成功追捕的必要条件二

满足第一个条件,是否一定可以实现成功追捕呢?答案是否定的。图 6.4 所示为多个逃跑者落在由 5 个追捕者构成凸多边形的不同位置示意图。

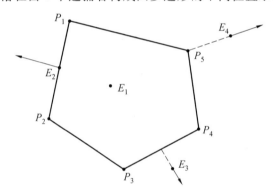

图 6.4　多个逃跑者落在由 5 个追捕者构成凸多边形的不同位置示意图

图 6.4 中,点 P_1,P_2,$\cdots$,P_5 分别表示多个追捕者机器人的位置,它们构成一个凸五边形。E_1 表示逃跑者在凸多边形内部;E_2 表示在凸多边形的边上;E_3 表示逃跑者在凸多边形的外部,并且与最近边的垂点能够在边上;E_4 表示逃跑者在凸多边形的外部,并且与最近边的垂点能够在边的延长线上。

由于追捕者速度低于逃跑者,因此只要 E_2 沿着 P_1P_2 垂线外侧方向,E_3 沿着 P_3P_4 垂线外侧方向,E_4 沿着 P_5E_4 方向逃跑,所有的追捕者都不可能实现成功追捕。

针对 E_1,能否实现成功追捕,也需要根据 E_1 的具体位置而定。逃跑者在凸多边形内部依然可以脱逃示意图如图 6.5 所示,虽然 E 在由 P_1、P_2、P_3、P_4 构成的凸多边形内部,但是由于没有满足所有的相邻阿波罗尼奥斯圆两两相交,因此 E 只要沿着箭头方向就可以实现成功脱逃。逃跑者落在追捕者位置所构成的凸

多边形内部,且所有相邻阿波罗尼奥斯圆两两相交或相切,这时逃跑者往任何方向逃跑都必将经过某个追捕者的阿波罗尼奥斯圆区域,根据定理 1 则必然被追捕者抓获。

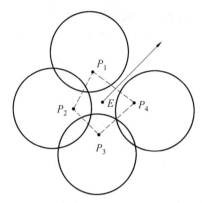

图 6.5　　逃跑者在凸多边形内部依然可以脱逃示意图

可以得出,追捕成功的第二个必要条件为逃跑者的位置在追捕者位置构成的凸多边形内部,且逃跑者和追捕者构成的相邻阿波罗尼奥斯圆满足两两相交(或相切)。

6.4　　满足约束条件下的"贪婪最优"追捕策略

6.4.1　"贪婪最优"普通追捕策略

针对逃跑者的策略,当前的研究成果主要有躲避距离最近追捕者及加权方向逃跑法,这些方法可以说都是简易的逃跑策略,不是最优策略。本章给出一个明显优越的逃跑策略。如果逃跑者在围捕机器人构成的凸多边形外部,则按照 6.3 节所述即得到最优逃跑策略;如果在凸多边形内部,在相邻阿波罗尼奥斯圆不满足两两相交(或相切),即存在有缺口情况下,则逃跑者必然选择往缺口区域运动,并能够实现成功逃脱。如果相邻阿波罗尼奥斯圆没有缺口,则向最远的相邻阿波罗尼奥斯圆交点方向运动,从而延长被捕获的时间。当追捕者没有选择最优抓捕策略时,也可实现成功脱逃。

对追捕者而言,其目标是无论逃跑者是否落在成功抓捕范围内,它们都要尽可能地形成包围圈,把逃跑者锁定在或压迫到其位置构成的凸多边形内部,并保持或试图形成相邻两个追捕者的阿波罗尼奥斯圆能够相交或者相切的队形。这时,如果每个追捕者都直接追捕逃跑者,则很容易导致相邻追捕者的阿波罗尼奥斯圆不能两两相交(或相切)。

本章提出一种"贪婪最优"追捕实施算法。追捕者的追捕策略如图 6.6 所示。图 6.6 从多个相邻的阿波罗尼奥斯圆交点中选取距离逃跑者最远的交点(该交点理论上是逃跑者尽可能拖延的被捕获时间的点),构成该点所对应 2 个追捕者的追捕策略是向该交点方向运动,不断迫近以压缩逃跑者的逃跑空间。其他追捕者则是保持和逃跑者方向相同的方向运动,不断压迫逃跑者。因为阿波罗尼奥斯圆的半径与追、逃二者之间的距离成正比,所以这些追捕者所对应的阿波罗尼奥斯圆越来越大,从而可以保持相邻的圆相交。当成功围捕条件不成立时,在存在缺口情况下,距离缺口较近的两个追捕者的策略是向缺口方向运动来弥补缺口,其他追捕者保持和逃跑者相同运动方向,压迫逃跑者。当逃跑者没有选取最优策略时,可以实现把逃跑者围堵到成功追捕约束条件下。

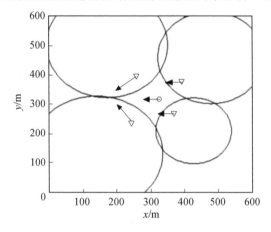

图 6.6　追捕者的追捕策略

6.4.2 "贪婪最优"改进追捕策略

在实际追捕场景中,经过多次观察,当追捕者和逃跑者最大速度比值接近于 $\sin \pi/n$ 时,朝最远交点运动的追捕者所对应的阿波罗尼奥斯圆非常容易就与相邻的追捕者所构成的阿波罗尼奥斯圆不相交,从而产生空隙,破坏成功围捕的必要条件,让逃跑者瞬时拥有一个可以脱逃的空间。

追捕者的修正追捕策略如图 6.7 所示,如果追捕者 P_1 和 P_2 采用虚线所对应的追捕策略,它们所在的阿波罗尼奥斯圆将会不在相交,从而形成一个缺口。追捕者追捕策略算法如算法 6.1 所示。

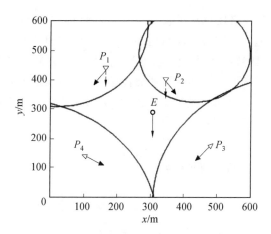

图 6.7   追捕者的修正追捕策略

算法 6.1   追捕者追捕策略算法

---

if 满足追捕约束条件

    for $i = 0$ to N

      if 追捕者 i 是形成距离逃跑者最远的阿波罗尼奥斯圆交点的追捕者

        第 i 个追捕者的运动方向朝向该交点方向；

      else

        第 i 个追捕者的运动方向与逃跑者的运动方向相同；

      end if

    end for

else 不满足追捕约束条件

    for $i = 0$ to N

      if 追捕者 i 与追捕者 $i-1$ 的阿波罗尼奥斯圆不相交 / 切

        第 i 个追捕者的运动方向为第 $i-1$（若 $i-1$，则为第 n 个）个逃跑者位置的方向；

      else if 追捕者 i 与追捕者 $i+1$ 的阿波罗尼奥斯圆不相交 / 切

        第 i 个追捕者的运动方向为第 $i-1$（若 $i-n$，则为第 1 个）个逃跑者位置的方向；

      else

        第 i 个追捕者的运动方向与逃跑者运动方向相同；

      end if

    end for

end if

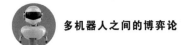

　　本章对追捕者的追捕算法进行适当修正,即当追捕者和逃跑者速度比值接近临界条件时,某追捕者向最远交点运动的同时,与它相邻的追捕者不采用以前的平行方向追捕逃跑者的策略,改为以沿平行逃跑者方向但向外侧偏离适当角度方向运动,即采用图 6.7 所示的实线方向追捕,则可以扩大和逃跑者之间的距离,使自己的阿波罗尼奥斯圆半径更加扩大,从而保持和相邻点的追捕者阿波罗尼奥斯圆相交,继续满足成功追捕条件。

　　改进的追捕者追捕策略算法如算法 6.2 所示。

算法 6.2　改进的追捕者追捕策略算法

if 满足追捕约束条件

　for $i = 0$ to N

　　if 追捕者 i 形成距离逃跑者最远的阿波罗尼奥斯圆交点

　　　第 i 个追捕者的运动方向是朝向该交点方向;

　　else if 追捕者 $i-1$ 或 $i+1$ 形成距离逃跑者最远的阿波罗尼奥斯圆交点

　　　求追捕者 $i-1$ 或 $i+1$ 的运动方向与逃跑者运动方向的夹角;

　　　// 定义从逃跑者运动方向向量到追捕者 $i-1$ 或 $i+1$ 的运动方向向量,若为顺

　　　// 时针则夹角为正,若为逆时针则夹角为负,夹角大小不变

　　　第 i 个追捕者的运动方向为逃跑者的方向减去夹角的二分之一;

　　else

　　　第 i 个追捕者的运动方向与逃跑者的运动方向相同;

　　end if

　end for

else 不满足追捕约束条件

　for $i = 0$ to N

　　if 追捕者 i 与追捕者 $i-1$ 的阿波罗尼奥斯圆不相交 / 切

　　　第 i 个追捕者的运动方向为第 $i-1$(若 $i-1$,则为第 n 个)个逃跑者位置的方向;

　　else if 追捕者 i 与追捕者 $i+1$ 的阿波罗尼奥斯圆不相交 / 切

　　　第 i 个追捕者的运动方向为第 $i-1$(若 $i-n$,则为第 1 个)个逃跑者位置的方向;

　　else

　　　第 i 个追捕者的运动方向与逃跑者运动方向相同;

　　end if

　end for

end if

6.5   实验及分析

本实验是在仿真环境下进行,每个仿真周期为 100 ms。追捕者和逃跑者都能够实时观察到对方的位置及行为,同时不受实际转身角度的限制,机器人可以实现瞬时转身,即转身不占用仿真周期。经过多次实验观察,如果逃跑者不在追捕者位置构成的凸多边形内部,则逃跑者的位置距离追捕者只会越来越远,因此本章没有给出这些实验场景,并且判断围捕失败的标准就定义为逃跑者逃出追捕者所构成的凸多边形区域。

1. 实验一

实验 1 为满足必要条件一,但不满足必要条件二。

某一特定示例,各机器人的初始位置坐标为

$$P_1(213.5,259.4), \quad P_2(349.5,242.6)$$
$$P_3(353.5,330.1), \quad P_4(239.1,366.3)$$
$$E(311.8,274.4)$$

设定逃跑者的速度为 $V_e = 4$ m/s,追捕者的速度为 $V_p = 3$ m/s,有四个追捕者,则有

$$V_p/V_e = 3/4 = 0.75 \geqslant \sin \pi/4 = 0.707$$

满足必要条件一。

虽然初始位置逃跑者在追捕者所构成的凸多边形内部,但是相邻的追逃阿波罗尼奥斯圆不相交,即不满足必要条件二。追捕初始场景如图 6.8(a) 所示,逃跑者的策略是采用向有不相交的阿波罗尼奥斯圆缺口方向运动,追捕采用改进的追捕算法。图 6.8(b) 是追捕过程第 60 个周期的一个截图,这时逃跑者还位于包围圈以内。图 6.8(c) 是第 138 个周期时的一个截图,逃跑者即将逃出由 $P_1 \sim P_4$ 所构成的凸多边形区域。图 6.8(d) 是第 277 个周期的截图,这时逃跑者已经逃出包围圈,围捕失败。

在满足该条件下,随机生成位置和速度,在 1 000 组实验数据下,逃跑者始终采用朝有不相交的阿波罗尼奥斯圆缺口方向运动,则追捕者无成功追捕的案例,失败率为 100%。

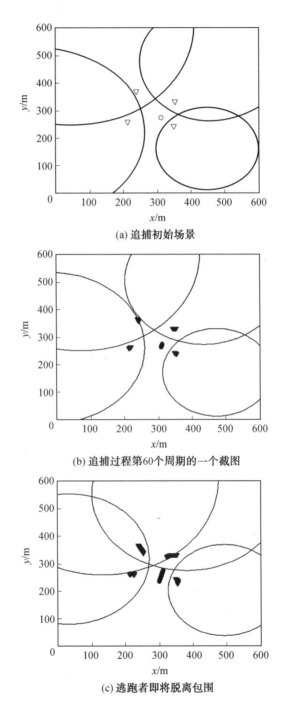

(a) 追捕初始场景

(b) 追捕过程第60个周期的一个截图

(c) 逃跑者即将脱离包围

图 6.8　满足必要条件一旦不满足必要条件二的追捕失败示意图

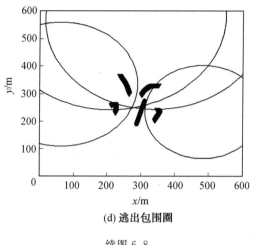

(d) 逃出包围圈

续图 6.8

2. 实验 2

实验 2 为满足必要条件二,但是不满足实验条件一。

逃跑者保持在追捕者构成的凸多边形以内的条件比较容易满足,如果要求保持相邻阿波罗尼奥斯圆两两相交(或相切),则必然需要满足条件一,即追逃速度比一定要大于等于 $\sin \pi/n$。本章在追逃速度比低于 $\sin \pi/n$ 情况下随机产生 300 多万组不同位置的数据,发现没有任何一个示例符合相邻圆两两相交的情景,即满足实验二要求的实验场景在实践中是不存在的。这点也从另一方面说明本章得出成功追捕必须满足的 $V_p/V_e \geqslant \sin \pi/n$ 结论的正确性。

3. 实验 3

实验 3 为满足必要条件一,同时也满足必要条件二。

某一特定示例,各机器人的初始位置坐标为

$$P_1(129.2, 151.8), \quad P_2(492.6, 136.1)$$
$$P_3(374.5, 471.6), \quad P_4(156.7, 453.8)$$
$$E(305.5, 283.6)$$

设定逃跑者的速度为 $V_e = 4$ m/s,追捕者的速度为 $V_p = 3.5$ m/s,有四个追捕者,则

$$V_p/V_e = 3.5/4 = 0.875 \geqslant \sin \pi/4 = 0.707$$

满足必要条件一,其逃跑者的初始位置在追捕者所构成的凸多边形内部,同时相邻的追逃阿波罗尼奥斯圆也两两相交,满足必要条件二,如图 6.9(a) 所示。这时,最远的两个相邻追捕者的阿波罗尼奥斯圆交点为右边的交点,因此逃跑者选择该方向为逃跑方向,追捕者采用普通追捕算法进行追捕。图 6.9(b) 是追捕过程第 178 个周期的一个截图,这时逃跑者已经变化了一次方向,从最初的向右运

动改为向下运动,这时发现右边的阿波罗尼奥斯圆交点又变成了最远交点,因此第三次发生方向改变,向右运动。图 6.9(c) 是追捕过程第 810 周期的追捕场景,这时逃跑者的空间已经被压缩得非常小了。图 6.9(d) 是追捕过程第 1 231 周期的追捕场景,这时逃跑者被捕获。

在包含四个追捕者和一个逃跑者的实验中,逃跑者的数据均取 4.0 m/s,追捕者的速度在 $2.9 \sim 3.9$ m/s 以 0.1 m/s 为间隔,每组速度随机选取 1 000 组满足条件的追逃数据。其中,P_1、P_2、P_3、P_4、E 分别表示追捕者和逃跑者的初始位置;Capture 表示逃跑者是否被捕获,为 0 表示追捕失败,为 1 表示成功。Capture 为 0 时,表示取逃跑者逃出追捕者所构成的凸多边形区域;Capture 为 1 时,表示取成功捕获逃跑者的时间,满足逃跑者和某个追捕者的距离小于等于 0.1 m 即认为追捕成功。基于普通追捕法和修正追捕法在满足追捕初始条件下的部分追捕结果表见表 6.1 和表 6.2。

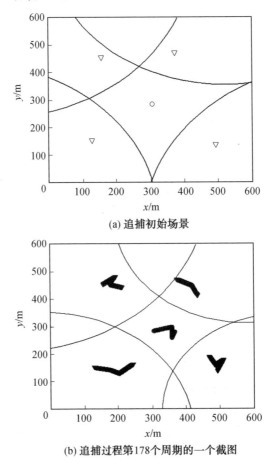

(a) 追捕初始场景

(b) 追捕过程第178个周期的一个截图

图 6.9　满足必要条件一且满足必要条件二的追捕成功示意图

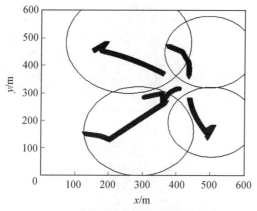

(c) 逃跑者的空间被压缩得非常小

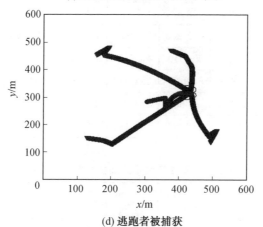

(d) 逃跑者被捕获

续图 6.9

表 6.1　基于普通追捕法在满足追捕初始条件下的部分追捕结果表

序号	$V_p/(\mathrm{m \cdot s^{-1}})$	P_1/cm	P_2/cm	P_3/cm	P_4/cm	E/cm	Capture	时间 /s
1	2.9	53 136	447 104	475 457	86 562	277 313	0	91.7
2	2.9	188 144	509 155	398 473	106 399	278 295	0	85.1
3	3.0	139 165	547 109	452 504	131 443	280 324	1	163.6
4	3.0	66 184	394 189	476 428	203 582	318 326	0	102.2
5	3.1	1 415	462 144	498 456	142 520	323 285	1	179.5
6	3.1	279 154	529 290	304 515	26 377	281 330	1	134.5
7	3.2	210 107	504 165	430 430	85 369	321 274	1	121.3
8	3.2	7 832	51 433	592 544	72 589	293 289	1	202.9

续表 6.1

序号	V_p/(m·s^{-1})	P_1/cm	P_2/cm	P_3/cm	P_4/cm	E/cm	Capture	时间/s
9	3.3	286 221	539 173	393 563	161 357	309 295	1	105.9
10	3.3	135 171	548 137	389 422	149 406	296 326	1	110.2
11	3.4	33 204	26 656	558 251	316 415	309 283	1	120.8
12	3.4	16 079	413 148	534 426	207 453	318 270	1	114.4
13	3.5	134 200	273 196	484 413	95 486	280 315	1	115.7
14	3.5	150 197	483 228	396 416	111 559	315 329	1	100.6
15	3.6	196 238	341 190	505 483	219 439	322 313	1	104.3
16	3.6	148 270	31 365	584 396	151 456	288 279	1	108.0
17	3.7	264 248	508 301	137 427	129 400	272 289	1	122.3
18	3.7	34 322	482 202	349 385	186 313	328 295	1	76.3
19	3.8	214 246	50 640	478 427	40 502	310 271	1	108.8
20	3.8	13 818	560 264	264 478	96 480	286 288	1	118.1
21	3.9	228 314	28 551	583 263	487 538	323 321	1	103.3
22	3.9	264 152	438 232	353 467	52 596	320 299	1	102.7

表 6.2 基于修正追捕算法在满足追捕初始条件下的部分追捕结果表

序号	V_p/(m·s^{-1})	P_1/cm	P_2/cm	P_3/cm	P_4/cm	E/cm	Capture	时间/s
1	2.9	1 139	51 056	586 528	122 506	305 296	0	94.1
2	2.9	173 62	534 161	512 572	52 462	330 292	1	408.4
3	3.0	2 569	576 263	354 518	51 354	297 291	1	343.5
4	3.0	9 311	494 140	520 537	52 491	296 283	1	399.5
5	3.1	4 177	481 102	516 499	180 571	329 311	1	186.5
6	3.1	16 949	593 189	415 587	98 431	283 319	1	167.8
7	3.2	137 131	503 144	492 540	145 389	276 278	1	135.2
8	3.2	10 821	551 170	578 589	35 493	330 290	1	183.7
9	3.3	166 261	374 197	573 489	210 527	320 314	1	109.6
10	3.3	24 767	544 221	398 572	56 411	316 302	1	129.8
11	3.4	116 104	475 128	536 462	116 388	297 273	1	128.5
12	3.4	83 106	354 143	515 440	223 592	311 310	1	151.4
13	3.5	20 612	38 733	249 483	28 330	279 326	1	98.5

续表 6.2

序号	V_p/(m·s^{-1})	P_1/cm	P_2/cm	P_3/cm	P_4/cm	E/cm	Capture	时间 /s
14	3.5	172 266	455 150	348 467	206 438	275 316	1	90.0
15	3.6	211 129	462 236	383 339	24 562	276 286	1	121.2
16	3.6	160 114	421 98	446 408	166 481	311 309	1	96.5
17	3.7	411 119	388 346	96 525	169 288	273 286	1	105.7
18	3.7	247 173	45 833	416 341	229 346	304 293	1	66.4
19	3.8	2 086	407 118	483 593	166 313	316 276	1	111.0
20	3.8	184 244	514 286	302 409	167 492	288 324	1	94.2
21	3.9	160 297	298 282	517 416	343 385	279 314	1	70.6
22	3.9	1 928	303 189	310 375	139 314	273 288	1	73.2

从表 6.1 和表 6.2 中可以看出,在追捕者速度为 2.9 m/s 和 3.0 m/s 时,追逃最大速度比 λ 分别为 0.725 和 0.75,略大于追捕临界条件 0.707,普通追捕算法的失败率较高,随机实验 2 000 次,成功率为 23.4%。而采用修正追捕算法的成功率得到大大提高,在 2 000 组的随机实验中,成功率虽然没有达到理论上的 100%,但提高到 92.7%,通过对追捕失败实验数据的仔细分析,发现距离最近交点的追捕者如果不选取直接接近最近点 A,而是根据具体情况智能选取交点 A、B 之间的某个特定点,追捕的性能可以得到很大的提高。由此可见,本章提出的简易追捕策略在以后的实验中通过某种特定的机器学习算法如强化学习算法还可以大大提高,从而实现理论上的完全追捕成功。

在追捕者速度大于 3.1 m/s 情况下,无论是采用普通追捕算法还是采用修正追捕算法,在 9 000 组的随机实验中成功率均为 100%。

本章还对 n 的其他不同取值做了较多实验。图 6.10(a) 显示的是包含五个机器人的机器人追捕场景,其中各机器人的初始位置坐标为

$$P_1(27.1,143.9),P_2(311.8,184.6),P_3(480.6,288.6)$$
$$P_4(397.9,492.9),P_5(110.4,497.6)$$
$$E(326.9,322.5)$$

逃跑者的速度为 4 m/s,追捕者的速度为 3.5 m/s,此时初始场景和追捕速度比为

$$V_p/V_e=3.5/5=0.7 \geqslant \sin \pi/5=0.587$$

逃跑者在追捕者构成的凸多边形内部,且追捕者所构成的相邻的追逃阿波罗尼奥斯圆也两两相交。也就是说,同时满足必要条件一和必要条件二。图 6.10(a) 显示的是追捕初始场景。图 6.10(b)、(c) 显示的是追捕过程中的场景片段;图

6.10(d) 显示的是最终的成功追捕结果。

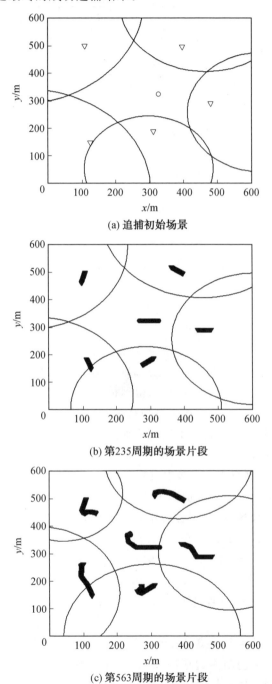

(a) 追捕初始场景

(b) 第235周期的场景片段

(c) 第563周期的场景片段

图 6.10　五个追捕者成功追捕一个逃跑者的过程

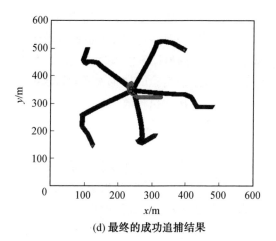

(d) 最终的成功追捕结果

续图 6.10

本章对 3、4、5、6、7、8 个等不同数量的追捕者进行仿真实验,首先是罗列满足条件下的典型速度(最低满足条件的速度到速度为 3.9 m/s,低速时以 0.1 为步长,高速时以 0.2 为步长),然后在每个典型速度下随机产生 1 000 组满足必要条件一和必要条件二的场景数据,平均在 50～120 s 可以实现一次追捕实验。如在三个追捕者的情况下,$\sin \pi/3 \approx 0.866$,逃跑者速度为 4 m/s,则追捕者的速度必须大于 $4 \times 0.866 = 3.46$ (m/s),从而仿真实验选取的速度分别为 3.5 m/s、3.6 m/s、3.7 m/s、3.8 m/s 和 3.9 m/s 这几组,每组取 1 000 个满足约束条件的样本数据。基于修正追捕算法满足追捕初始条件的三个追捕者和五个追捕者的追捕结果表见表 6.3。从实验结果看,基本上每次都能够成功实现追捕,表明本章提出的成功追捕的必要条件是正确的。

表 6.3　基于修正追捕算法满足追捕初始条件的三个追捕者和五个追捕者的追捕结果表

序号	V_p/(m·s^{-1})	P_1/cm	P_2/cm	P_3/cm	P_4/cm	P_5/cm	E/cm	Capture	时间 /s
1	3.5	325	583 205	257 538	—	—	308 295	1	210.20
2	3.5	26 115	571 361	173 437	—	—	325 287	1	169.53
3	3.7	149 208	451 204	280 467	—	—	306 298	1	96.02
4	3.7	104 174	578 119	277 599	—	—	287 299	1	141.68
5	3.9	21 847	591 511	110 436	—	—	272 294	1	140.73
6	3.9	8 102	486 224	244 389	—	—	300 310	1	121.91
7	2.5	167 134	45 895	599 347	338 567	109 382	315 301	1	531.22
8	2.5	124 145	398 127	469 348	367 516	56 457	304 307	1	485.50
9	3.1	5 225	502 112	559 552	380 577	133 517	312 328	1	206.24
10	3.1	20 975	534 219	560 527	311 465	164 331	272 317	1	133.70
11	3.8	283 178	34 942	438 131	471 283	172 466	297 301	1	94.56
12	3.8	414 176	581 425	242 493	200 358	37 345	297 321	1	102.31

3～8个追捕者在采用不同追捕速度下的追捕成功率见表6.4。表6.4中,数量表示追捕者的个数;临界速度表示在对应n个追捕者数量情况下最低的追捕者速度$\sin \pi/n$,如果低于此速度,则追捕不能成功,因此比该速度还低的追捕速度没有选取;实验次数表示执行追捕实验的样本次数;成功率表示抓捕成功的次数与实验次数的比值,可以显示算法的执行效率。

在不同数量机器人追捕实验中都出现了一个共同规律,即在追捕者速度处于临界值附近时成功率没有达到100%,最低的是三个追捕者时的86.7%,最高的是六个追捕者时的99.7%。这证明在速度临界值附近时,追捕者在运动过程中同时还要一直保持着阿波罗尼奥斯圆两两相交(或相切)的追捕约束条件非常困难。这点从追捕约束条件的证明推导过程中也可以看出,速度越低,则相交的区域越小,稍有变化即导致追捕者相邻的阿波罗尼奥斯圆出现缺口,从而导致追捕失败。随着机器人数量的增多,临界值附近追捕成功率也在提高,在六个机器人追捕时达到了最高的99.7%,以后随着追捕机器人的数量增加,追捕成功率略有下降趋势,但是也保持在97%以上的成功率。这从一定程度上说明,在多机器人追捕时,六个追捕者围捕一个性能优越的机器人就已足够,并且性能也是最好的。

表6.4 3～8个追捕者在采用不同追捕速度下的追捕成功率

数量/个	临界速度/(m·s⁻¹)	追捕者速度/(m·s⁻¹)	实验次数/次	成功率/%	数量/个	临界速度/(m·s⁻¹)	追捕者速度/(m·s⁻¹)	实验次数/次	成功率/%
3		3.5	1 000	86.7	6		2.1	1 000	99.7
3	3.46	3.6	1 000	98.8	6	2.0	2.2	1 000	100
3		≥3.7	3 000	100	6		≥2.4	9 000	100
4		2.9	1 000	87.3	7		1.8	1000	98.7
4	2.83	3.0	1 000	98.1	7	1.74	2.0	1 000	100
4		≥3.1	9 000	100	7		≥2.2	10 000	100
5		2.4	1 000	88.9	8		1.6	1 000	97.3
5	2.35	2.6	1 000	99.2	8	1.53	1.7	1 000	100
5		≥2.8	6 000	100	8		≥1.8	11 000	100

在追捕者速度较高时,本章提出的改进追捕算法足以保证追捕成功约束条件一直成立,从而最终实现围捕。从实验结果上看,所有的案例都表明,在追捕者速度高于临界值0.2时以上,追捕成功率为100%。

在临界值情况下,追捕成功率没有达到100%。进一步分析其产生的原因,通过实验观察,发现主要是因为"贪婪最优"算法下追捕者的选择算法还不够精细,没有智能到能够一直实现约束条件的保持,往往是在某一瞬间,某两个或者更多的相邻阿波罗尼奥斯圆实现分离,没有做到两两相交,从而产生了一个缺口,逃跑者就抓住这一瞬间,向缺口方向运动,从而实现成功脱逃。但这也从另一个角度说明本章提出的"贪婪最优"追捕算法还有进一步改良的空间,可以提出更加高效的追捕算法,保证追捕约束条件一直成立。

6.6　本章小结

本章对机器人能力不对等条件下的多机器人追捕问题进行了研究,通过理论分析给出在追逃机器人都采用开阔视野、追捕场地无限的条件下,多个追捕者参与追捕一个逃跑者,即使追捕者的最大速度性能低于逃跑者,只要满足追逃最大速度比大于 $\sin \pi/n$、逃跑者在多个追捕者所处位置所构成的凸多边形内部及追逃机器人所构成的相邻阿波罗尼奥斯圆两两相交(或相切)的这两个约束条件,则追捕者一定可以追到逃跑者。实验结果证明,在速度比比较高的情况下,该理论完全正确,当速度比接近临界条件时,只要追捕算法接近合理,即可实现成功追捕。

利用机器学习等算法构造完备的追捕算法,保证满足追逃约束条件必然实现成功追捕是以后的研究方向。另外,异构追捕者(即速度不同情况下)的追逃约束条件也是以后另一个研究方向。

基于快速推进法的多机器人分层追捕博弈算法

本章首先概述基于量子最小化博弈的多机器人追逃问题的基本原理;然后介绍一种分层算法解决多追捕者—逃跑者的微分博弈问题,包括微分博弈方程、基于量子拍卖的初始任务分配、基于量子拍卖的追捕任务再分配算法等;再叙述利用快速推进算法构造逃跑者的活跃区域,并设计 Naive 联盟生成算法;最后通过仿真实验验证该方法的有效性。

7.1　引　言

自从 Isaacs 提出单一双人追逃问题,并通过构造偏微分方程求解"鞍点"得出追捕机器人的追捕方向并能计算出追捕时间,多机器人追捕问题就自然产生了。为简化问题的求解复杂度,在过去很长一段时间,研究者更加关注离散化的多机器人追捕问题,提出了强化学习方法、合同网方法及其扩展方法等一系列求解方法。然而,对于包含多个追捕者和多个逃跑者的连续追捕问题的解决方法非常少见,这主要是因为在多机器人追逃问题中,解决单一追逃问题非常有效的两类方法 ——Pontryagin 的最小化原理和 Bellman 的动态规划都变得非常复杂。由于也不知道什么时候哪个逃跑者应该先被抓获,因此追捕问题的终止状态也不易构建。求解过程中需要的初始状态及机器人的参与数量导致求解问题的计算复杂度(两种方法都有状态回溯分析的思想)成指数级增加,求解非常复杂,基本上不可行。

在研究多机器人追捕问题时主要有以下算法评价标准。

(1) 总追捕时间。一般力求追捕到所有逃跑者的时间最小化。

(2) 追捕能量代价。一般力求在保证能捕获到所有逃跑者的情况下使追捕者的能量消耗最小化。

(3) 固定时间追捕到的逃跑者数量。一般力求数量最大化。

本章主要以总追捕时间最小化为出发点来设计相应的追捕算法。

7.2　基于量子最小化博弈的多机器人追逃问题

对于传统的追逃问题,大多数研究都是基于全局最优化考虑,所有的智能体均不带有任何自利因素,即所有智能体都是从大局出发而达到最优的追捕过程,但是这种情况在现实世界中是难以达到的。在本项目中,假设所有的机器人都是具有自利因素的智能体,在没有外力干涉条件下,所有机器人都从自身利益出发,以最快的方式接近猎物。但是在这种情况下,整体效率可能会大幅降低,所有追捕者反而会因此而耗费更多的代价。本章所引入的方法旨在降低多个机器人在追捕过程中的盲目性,从另一个角度衡量自身利益,从而解决自身利益与整体效益之间的冲突。通过分析可以发现,从追捕者角度考虑,追捕猎物的过程可以看作一场博弈,它们关心如何追捕可以使自身得到更多的利益;而从整体考虑,则是如何保证在利益因素存在的条件下,优化追捕过程,使之看起来像是所有机器人都在按照全局最优的方式进行追捕。对此,建立量子最小化博弈模型,追捕者可以采用量子策略,这样就将经典策略集拓展到量子策略空间。在新的空间中研究该问题,则可以解决自身利益与整体效益之间的冲突。

7.2.1 追捕的收益分配方案设计

在对追捕者不施加任何控制的情况下,所有的追捕者都会本能地选择沿着距离猎物最近的路线对猎物进行追捕。这时,多机器人追捕退化成了一对一的追捕,没有发挥出多人追捕的优越性。为解决这个问题,现对追捕系统引入收益的概念。

多人追捕博弈的最佳情况如图 7.1 所示,现规定在追捕成功后按照以下规则进行收益分配:当六个追捕者 $P_1, P_2, \cdots, P_6$ 同时抵达与猎物相邻的方格时,每个追捕者分得整体收益的 1/6;当与猎物相邻的两个方格被占据时,收益被分为两等份,再分别根据这两个方格里追捕者的数量将等分后的整体收益进行二次分配。例如,P_1、P_2 两个追捕者占了 A 格,而其余四个追捕者则占据了 B 格,则 P_1、P_2 两个追捕者可以分别获得 1/4 的收益,而后四个追捕者分别只能获得 1/8 的收益,这样 P_1、P_2 相对于其余四个是获胜方。当两个方格都分别被三个追捕者占据时,所有追捕者又都只能获得 1/6 收益。同理,当与猎物相邻的三个方格分别被 P_1、P_2、P_3 和 P_4、P_5、P_6 占据时,P_1 可获得 1/3 收益,P_2 和 P_3 都分别获得 1/6 收益,而 P_4、P_5、P_6 只能分别获得 1/9 收益。也就是说,越是属于少数者的追捕者,越可以获得高的收益。

为将这种收益分配方式与追捕过程结合起来,现规定抵达 A、B、C 格的路线分别为 A'、B'、C',多人追捕博弈的最佳情况如图 7.1 所示。每个追捕者为获取更高的收益,就必须争取成为少数者,即每一个追捕者在 A'、B'、C' 三条路线中做出选择,若选择某一线路的人数更少,则选择该线路的人将获得更高的收益。这样,追捕者就不会盲目地选择同一条线路来追捕,最优情况便是三条线路都会有追捕者选择,猎物的逃跑方向只剩下向右一条,整体上给追捕带来极大的便利。但是问题在于从每个追捕者个人利益出发,哪一条线路选择的人会更少,怎样选择才能达到整体最优情况。在经典策略集合中,只能采取随机选择的方法;而在量子策略空间中,追捕者却可以更加主动地选择最优策略。

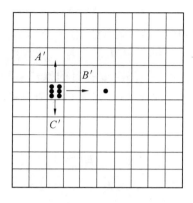

图 7.1　多人追捕博弈的最佳情况

对上述追捕场景而言,可以设 $S_1^i \in S_1$ 为追捕者 1 的策略集,$S_2^j \in S_2$ 为追捕者 2 的策略集,$S_3^k \in S_3$ 为追捕者 3 的策略集,$S_4^l \in S_4$ 为追捕者 4 的策略集。对于追捕者,有一个优势策略 S^* 对应的支付值满足

$$\pi_1(S_1^*, S_2^j, S_3^k, S_4^l) \geqslant \pi_1(S_1^i, S_2^j, S_3^k, S_4^l)$$
$$\pi_2(S_1^i, S_2^*, S_3^k, S_4^l) \geqslant \pi_2(S_1^i, S_2^j, S_3^k, S_4^l)$$
$$\pi_3(S_1^i, S_2^j, S_3^*, S_4^l) \geqslant \pi_3(S_1^i, S_2^j, S_3^k, S_4^l)$$
$$\pi_4(S_1^i, S_2^j, S_3^k, S_4^*) \geqslant \pi_4(S_1^i, S_2^j, S_3^k, S_4^l)$$

称策略组 $(S_1^*, S_2^*, S_3^*, S_4^*)$ 是一个 Nash 均衡点,即当其余队员都不采取优势策略而自己采用时,获得的收益总高于所有人都不采用优势策略的情况,且满足

$$\pi_1(S_1^*, S_2^*, S_3^*, S_4^*) \geqslant \pi_1(S_1^i, S_2^*, S_3^*, S_4^*)$$
$$\pi_2(S_1^*, S_2^*, S_3^*, S_4^*) \geqslant \pi_2(S_1^*, S_2^j, S_3^*, S_4^*)$$
$$\pi_3(S_1^*, S_2^*, S_3^*, S_4^*) \geqslant \pi_3(S_1^*, S_2^*, S_3^k, S_4^*)$$
$$\pi_4(S_1^*, S_2^*, S_3^*, S_4^*) \geqslant \pi_4(S_1^*, S_2^*, S_3^*, S_4^l)$$

即当所有人都采取优势策略时,自身获得的收益总高于自己不采用该策略的情形。其中,$\pi_n(n=1,2,3,4)$ 表示第 n 个追捕者的收益。

Nash 均衡策略可以用 $\{s_{NE}, s_{NE}, s_{NE}, s_{NE}\}$ 来表示。通过上述分析,得出它具有这样的性质:当所有人都采用 s_{NE} 时,对于任意一个追捕者来说,单方面改变策略不会提高自己的收益。

7.2.2　量子最小博弈化模型

量子最小化博弈是量子博弈的一个重要分支。在该模型下,每个参与者都拥有一个量子比特(bit),该量子比特可以处于下面两个状态中的一个状态:$|0\rangle$ 和 $|1\rangle$。该比特的最初状态为 $|0\rangle$。

博弈的初始状态为:每一个追捕者都拥有一个量子比特,它们共处于一个由

Benjamin 和 Hayden 提出的 GHZ 态(用三位著名物理学家格林伯格、霍恩和塞林格命名的一种量子状态)中,引入一个对所有人公开的量子门 J,使得所有人的量子比特达到纠缠态,用 $|00\cdots0\rangle$ 来表示。每个追捕者对这一状态进行单一的、彼此不相关联的操作。当所有人都完成各自的操作之后,最终状态将被进行测量,并根据经典最小化博弈的收益矩阵计算出每个追捕者的收益。量子比特的状态变化可以描述为

$$|\Psi_0\rangle = |00\cdots0\rangle$$
$$|\Psi_1\rangle = J|\Psi_0\rangle$$
$$|\Psi_2\rangle = (M_1 \otimes M_2 \otimes \cdots \otimes M_N)|\Psi_1\rangle$$
$$|\Psi_F\rangle = J^+|\Psi_2\rangle$$

式中,$|\Psi_0\rangle$ 是 N 个比特的初始状态;$M_k(k=1,2,\cdots,N)$ 是追捕者 k 对该状态的单一操作。当所有的追捕者都选择非量子操作时,整个博弈过程也将退化成经典博弈。

Flitney 等提出,所有参与者对纠缠态进行操作后的状态可以表示为

$$|\Psi_F\rangle = (M_1 \otimes M_2 \otimes \cdots \otimes M_N)|\Psi_0\rangle$$

仲裁对最终结果进行测量,得出每个人的收益为

$$\langle \$ \rangle = \sum_{\xi_k} |\langle \Psi_F|\xi_k\rangle|^2$$

式中,ξ_k 表示追捕者 k 的最小化选择。每个人的操作都可以由下面的矩阵来表示,矩阵由 α、β 和 θ 等三个参数来决定,即

$$M(\theta,\alpha,\beta) = \begin{bmatrix} e^{i\alpha}\cos(\theta/2) & ie^{i\beta}\sin(\theta/2) \\ ie^{-i\beta}\sin(\theta/2) & e^{-i\alpha}\cos(\theta/2) \end{bmatrix}$$

式中,$\theta \in [0,\pi]$;$\alpha,\beta \in [-\pi,\pi]$。第 k 个追捕者的操作表示为 $M_k(\theta_k,\alpha_k,\beta_k)$。操作 $M(\theta,0,0)$,$\theta \in (0,\pi)$ 相当于经典混合策略,因为当所有人都采取这个策略时,量子博弈会退化成经典博弈。其中,操作 $I \equiv M(0,0,0)$ 和操作 $iX \equiv M(\pi,0,0) = i\sigma_x$ 分别表示经典最小化博弈中的纯策略。

在初始态为 $|0000\rangle$ 的四人量子最小化博弈中,Benjamin 发现了其中一个最优策略,即

$$M(\pi/2,-\pi/16,\pi/16)$$

这个策略将会给每个追捕者带来 1/4 的收益期望值,而对于传统博弈,每个人都只能获得 1/8 的收益期望。之所以会将收益期望提高一倍,是因为采用量子最小化博弈,消除了经典博弈中所有追捕者收益为 0 的最终状态,如所有人都进行相同的选择($|0000\rangle$ 和 $|1111\rangle$),以及双方人数相等的选择($|0101\rangle$ 和 $|1100\rangle$)等。

这个结果可以推广到所有人数为偶数的处于 GHZ 态的量子最小化博弈

中。策略

$$M\left(\frac{\pi}{2}, \eta-\delta, \eta+\delta\right)$$

$$\delta=\frac{(4n+1)\pi}{4N}, \quad n=0, \pm 1, \pm 2, \cdots$$

总是可以将人数 N 分为两个部分：当 $M\,\mathrm{mod}\,4=0$ 时，两部分的人数为不相等的奇数；当 $N\,\mathrm{mod}\,4=2$ 时，两部分的人数为不相等的偶数。例如，当 $N=4$ 时，M 可以表示为 $M(\pi/2, -\pi/16, \pi/16)$，这时两部分人数分别为 1 和 3；而当 $N=6$ 时，操作 $M(\pi/2, -\pi/24, \pi/24)$ 可以得到人数为 2 和 4 的两部分。

7.2.3　多机器人追捕的最小化博弈仿真

当多个机器人在选择路线时，容易陷入这样一种困境，即无法确定哪一条路线上的机器人最少，以使自身处于"少数者"的队伍。在经典最小化博弈中，所有的追捕者只能随机选择线路，这就给整体收益带来了不利影响。对于不同的选择，会出现表 7.1 中未引入量子策略空间时的收益情况。

表 7.1　未引入量子策略空间时的收益情况

最终结果	单独收益	整体收益
$\lvert 0000\rangle$	0	0
$\lvert 0001\rangle$	1	1
$\lvert 0010\rangle$	0	1
$\lvert 0011\rangle$	0	0
$\lvert 0100\rangle$	0	1
$\lvert 0101\rangle$	0	0
$\lvert 0110\rangle$	0	0
$\lvert 0111\rangle$	0	1
$\lvert 1000\rangle$	0	1
$\lvert 1001\rangle$	0	0
$\lvert 1010\rangle$	0	0
$\lvert 1011\rangle$	0	1
$\lvert 1100\rangle$	0	0
$\lvert 1101\rangle$	0	1
$\lvert 1110\rangle$	1	1
$\lvert 1111\rangle$	0	0

由表 7.1 可以看出,所有的情况中有一半是没有整体收益的,并且对每一个追捕者来说,都有两种情况是可以获得收益的,因此所有追捕者的期望收益都是 1/8。

上面提到,对于四人博弈,$M(\pi/2, -\pi/16, \pi/16)$ 是一个 Nash 均衡,此时每个人的期望收益为 $\langle \$ \rangle = \dfrac{1}{8} + \dfrac{1}{8} \cos\left(\dfrac{\pi}{8} + \alpha - \beta\right) \sin\theta$。当所有人执行此操作时,每个人的收益期望均达到 1/4,相当于经典博弈的 2 倍,其原因在于该操作消除了所有人都没有收益的情况:所有追捕者都选择同一条路线,或两方人数相等。

当其余追捕者都采用策略 $M(\pi/2, -\pi/16, \pi/16)$ 时,第四者可以在 $M\left(\dfrac{\pi}{2}, -\dfrac{4n+1}{16}\pi, \dfrac{4n+1}{16}\pi\right)$ $(n=0, \pm 1, \pm 2, \cdots)$ 时取得最大收益期望值 0.25,即每一个波峰均可以达到全局最大值,且每个波峰上都有一族最优解,而且也达到了帕累托最优。因此,对于每一个追捕者来说,它们可以采用策略中的任何一个解。简便起见,取 $n=0$,便得到了一个最简 Nash 均衡。

现在将追捕者数扩大到 6,同样也可以获得 Nash 均衡,此时的最优情况是六个追捕者中的两人选择路线 A,而另四人选择路线 B。与四人量子最小化博弈不同的是,六人的情况无法达到帕累托最优。每个人的收益期望最大值为 5/16。

从以上分析可知,在重新制定了利益分配机制后,多人追捕仍旧有可能退化为单人追捕情况。导致这一结果的原因在于机器人的自利性,所追求个人利益与整体利益之间存在矛盾。这一矛盾在经典博弈中是不可调和,所有人的选择都是单一、随机的过程。但是在将策略空间拓展到量子层面时,由于初始态处于最大纠缠态,因此追捕者可以从中获取 Nash 均衡点,从而更加主动地选择最有利于自己的策略。这样,个人利益期望就得到了满足。与此同时,处于 Nash 均衡点的操作也使得追捕者分为三条路径进行追捕,整体利益也达到了最大化。

7.3 多机器人追捕微分博弈算法

7.3.1 多机器人追捕微分博弈方程

考虑一个一般的多机器人追捕系统,有 m 个追捕者和 n 个逃跑者,用 x_p^i、x_e^j 分别表示第 i 个追捕者和第 j 个逃跑者的位置,其运动方程可以表示为

$$\begin{cases} \dot{x}_p^i(t) = f_p^i(x_p^i(t), u_i(t)), x_p^i(0) = x_{p0}^i \\ \dot{x}_e^j(t) = f_e^j(x_e^j(t), v_j(t)), x_e^j(0) = x_{e0}^j \end{cases} \tag{7.1}$$

式中，$u_i(t) \in U^i$、$v_j(t) \in V^j(t \geqslant 0)$ 是追捕者的行为控制变量，U^i、V^j 是可容许的行为控制集合。函数 f_p^i、f_e^i 在不考虑时间因素的情况下可以简化为

$$\begin{cases} x_p = [x_p^1, x_p^2, \cdots, x_p^m], x_e = [x_e^1, x_e^2, \cdots, x_e^n] \\ u = [u_1, u_2, \cdots, u_m], v = [v_1, v_2, \cdots, v_n] \end{cases} \tag{7.2}$$

则式（7.1）可以简化为

$$\dot{x}_p(t) = f(x_p(t), u(t)), x_p(0) = x_{p0}$$

$$\dot{x}_e(t) = f(x_e(t), v(t)), x_e(0) = x_{e0} \tag{7.3}$$

令 $\forall j \in [1, n]$，如果 $\exists i \in [1, m]$ 在 $t \geqslant 0$ 时有

$$d\{p[x_p^i(t)], p[x_e^j(t)]\} \leqslant \varepsilon \tag{7.4}$$

则表示第 j 个逃跑者被第 i 个追捕者抓获。式中，$d(\cdot, \cdot)$ 为希尔伯特空间的一个范式；ε 为预先给定的一个较小实数，可以理解为抓捕距离。

逃跑者 t_j 被抓获的时间可以定义为

$$t_j = \inf\{t \mid t \geqslant 0, \exists i, 1 \leqslant i \leqslant m, \text{s.t.} \, d\{p[x_p^i(t)], p[x_e^j(t)]\} \leqslant \varepsilon\} \tag{7.5}$$

在一个多个逃跑者的追捕系统中，逃跑者通常不会被同时抓住。因此，一般定义抓住最后一个逃跑者的时间为系统的追捕时间 T，即

$$T = \max_{1 \leqslant j \leqslant n}\{t_j\} \tag{7.6}$$

定义追捕的目标函数 J 为

$$J(x_{p0}, x_{e0}, u, v) = \int_0^T G(x_{pt}, x_{et}, u_t, v_t) \mathrm{d}t + \int_0^T Q(x_t) \mathrm{d}t \tag{7.7}$$

式中，$u \in \{u(t) \mid 0 \leqslant t \leqslant T, u(t) \in U\}$；$v \in \{v(t) \mid 0 \leqslant t \leqslant T, v(t) \in V\}$；函数 $G(\cdot)$ 为代价函数；$\int_0^T Q(x_t) \mathrm{d}t$ 在以追捕时间为目标的博弈中为常数。

追捕者群体试图寻找一个最优策略 u^* 使式（7.7）最小化，而逃跑者尽量使其最大化。

令 $U[s, t]$ 表示追捕者在时间区间 $[s, t]$ 的可控行为，且不发生改变，$u_{s,t}$ 表示其值，则有

$$U[s, t] \triangleq \{u(\tau) \mid u(\tau) \in U, 0 \leqslant s \leqslant \tau \leqslant t \leqslant T\}, \quad u_{s,t} \in U[s, t] \tag{7.8}$$

对 $\forall x_p \in X_p, \forall x_e \in X_e$，定义 $\bar{V}(x_p, x_e)$ 及 $\underline{V}(x_p, x_e)$ 分别为

$$\bar{V}(x_p, x_e) = \min_{u_{0,T} \in U[0,T]} \max_{v_{0,T} \in V[0,T]} \left\{ \int_0^T G(x_{pt}, x_{et}, u_t, v_t) \mathrm{d}t + \int_0^T Q(x_T) \mathrm{d}t \right\} \tag{7.9}$$

$$\underline{V}(x_p, x_e) = \max_{v_{0,T} \in V[0,T]} \max_{u_{0,T} \in U[0,T]} \left\{ \int_0^T G(x_{pt}, x_{et}, u_t, v_t) \mathrm{d}t + \int_0^T Q(x_T) \mathrm{d}t \right\}$$

$$\tag{7.10}$$

显然，$\underline{V}(x_p,x_e)\leqslant V(x_p,x_e)\leqslant \overline{V}(x_p,x_e)$。若满足 $\underline{V}(x_p,x_e)=V(x_p,x_e)=\overline{V}(x_p,x_e)$ 成立，则该条件就称为 Isaacs 条件，$V(x_p,x_e)$ 即博弈论中的"鞍点"均衡解。

由于多个参与者的加入，因此 Hamilton-Jacobi-Bellman(HJB) 方程的初态变得非常复杂，并随参与者的数量增加而成指数级增加，直接求解包含多个参与者的"鞍点"均衡解非常困难。但是在经过对追捕过程的仔细观察和分析后可以发现，在追捕过程中，机器人一般不会随意再更改自己的追捕意图，往往是较长时间保持追击某个特定逃跑者的状态，除非场上形势发生了很多变化，如逃跑者更接近其他追捕机器人或逃跑者被捉获。鉴于这一特征，本章提出了一种分层追捕算法，假设每一个追捕者至少追捕一个逃跑者，而且每次只能捕获一个逃跑者，则多机器人追捕算法可以转化为一个两层优化问题：上层是根据追捕代价确定一个最佳的分配准则，本章选取总代价时间最小的分配原则，贪婪选择当前实时总追捕代价最小；底层专门解决有两人参与者的单一追逃博弈，主要是求得如何选取追捕方向，并提供上层相应的追捕代价。在追捕过程中，如果有多余的追捕者，则多余的追捕者要选择加入相应的追捕联盟，协助主追捕机器人追捕相应的逃跑者目标。在联盟内部，这个追捕者根据快速推进法求得逃跑者的活跃区域，对逃跑者的意图进行判断，从而有针对地封堵逃跑者的逃跑方向，实现压迫式追捕。这虽然是一个保守的追捕方法，但是在很多情况下，由于逃跑者们无法了解而去执行最优化策略来对抗约定好的追捕者，因此该算法能够表现出良好的追捕效果。多机器人追捕策略分层分解如图 7.2 所示，多机器人追逃博弈流程示意图如图 7.3 所示。

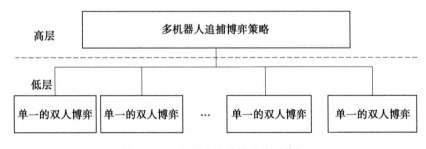

图 7.2　多机器人追捕策略分层分解

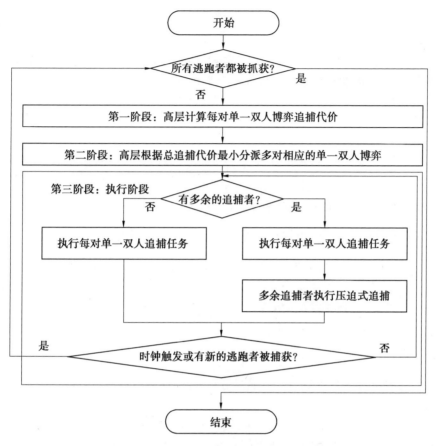

图 7.3　多机器人追逃博弈流程示意图

7.3.2　追捕代价的微分博弈计算

m 个机器人追捕 n 个逃跑者的追捕系统中一共存在 $m \times n$ 对单一双人追捕博弈可能。本阶段就是要计算每对单一双人追捕博弈的追捕轨迹,并计算其追捕代价。仅有两个参与者 p、e 的追捕动态方程为

$$\begin{cases} \dot{x}_p = v_p\cos\theta_p, \dot{y}_p = v_p\sin\theta_p \\ \dot{x}_e = v_e\cos\theta_e, \dot{y}_e = v_e\sin\theta_e \end{cases} \quad (7.11)$$

式中,θ_p、θ_e 表示对应机器人的运动方向角度。令初始位置为 (x_{p0},y_{p0})、(x_{e0},y_{e0}),v_p、v_e 分别为追捕者和逃跑者的最大速度。在执行过程中,可以考虑追捕者和逃跑者都采用最大速度进行博弈。

令 $x=x_p-x_e,y=y_p-y_e$,并定义追捕代价为 $V(x,y)$,则有

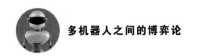

$$\begin{cases} \dot{x}=v_p\cos\theta_p-v_e\cos\theta_e, x_0=x_{p_0}-x_{e_0} \\ \dot{y}=v_p\sin\theta_p-v_e\sin\theta_e, y_0=y_{p_0}-y_{e_0} \end{cases} \quad (7.12)$$

定义集合 $\Gamma=\{(x,y)\|(x,y)\|_2\leqslant\varepsilon\}$ 为捕获成功集合。由于是以追捕时间为评价标准的，因此目标函数可以为一个常积分，即

$$J=\int 1\mathrm{d}t \quad (7.13)$$

则 Hamilton 函数为

$$H=1+V_x(p,e)(v_p\cos\theta_p-v_e\cos\theta_e)+V_y(p,e)(v_p\sin\theta_p-v_e\sin\theta_e) \quad (7.14)$$

满足 Isaacs 条件"鞍点"解的条件是 $\dot{V}_x(x,y)=0,\dot{V}_y(x,y)=0,\min\limits_{\theta_p}\max\limits_{\theta_e}\{H\}=0$，则 $V_x(x,y)$ 和 $V_y(x,y)$ 为常数。根据式(7.14) 可以得到

$$\begin{cases} \cos\theta_p^*=\cos\theta_e^*=-\dfrac{V_x(x,y)}{\sqrt{V_x^2(x,y)+V_y^2(x,y)}} \\ \sin\theta_p^*=\sin\theta_e^*=-\dfrac{V_y(x,y)}{\sqrt{V_x^2(x,y)+V_y^2(x,y)}} \end{cases} \quad (7.15)$$

式中

$$\sqrt{V_x^2(x,y)+V_y^2(x,y)}=1/(v_p-v_e)$$

追捕成功的终态为 (x_T,y_T)，满足方程 $V_x(x,y)\cdot(-y_T)+V_y(x,y)\cdot x_T=0$，即

$$V_x(x,y)/x_T=V_y(x,y)/y_T=(v_p-v_e)/\varepsilon \quad (7.16)$$

考虑系统初始状态，则追捕代价 $V(x,y)$ 的计算公式为

$$V(x,y)=(\sqrt{x^2+y^2}-\varepsilon)/(v_p-v_e) \quad (7.17)$$

初始时刻的追捕者和逃跑者最佳运动方向 θ_p^*、θ_e^* 的计算公式为

$$\begin{cases} \cos\theta_p^*=\cos\theta_e^*=-\dfrac{x_0}{\sqrt{V_x^2(x,y)+V_y^2(x,y)}} \\ \sin\theta_p^*=\sin\theta_e^*=-\dfrac{y_0}{\sqrt{V_x^2(x,y)+V_y^2(x,y)}} \end{cases} \quad (7.18)$$

7.3.3 基于量子拍卖的初始任务分配算法

目前已知追捕系统中任意追捕者 $i\in[1,m]$ 和逃跑者 $j\in[1,n]$ 的追捕代价 $V(x_p^i,y_e^j)$，令其值为 $c_{i,j}$，这样就得到了追捕时间矩阵 $\boldsymbol{C}=[c_{i,j}]\in\boldsymbol{R}^{m\times n}$。系统的任务是在合理分配对应任务使预期追捕时间最小。令矩阵 $\boldsymbol{Q}=[q_{i,j}]\in\boldsymbol{R}^{m\times n}$ 为任务矩阵，如果追捕者 i 被分配去追捕逃跑者 j，则矩阵 $\boldsymbol{Q}$ 中 $q_{i,j}$ 的值等于1，否则等于0。因此，任务分配问题可以描述为求解

$$\min_{x_{i,j} \in \{0,1\}} \max_{i=1,\cdots,N, j=1,\cdots,N} (c_{i,j} \cdot q_{i,j})$$

式中

$$\sum_{i=1}^{N} q_{i,j} = 1, \sum_{j=1}^{N} q_{i,j} = 1$$

　　求解该问题转化为线性阻塞分派问题,可以用基于网络流理论的多项式时间算法来解决。

　　分配阶段用追捕代价来设置图 7.4 所示分配问题的偶图的连接权重。在 $m \neq n$ 时引入虚拟机器人,如在图 7.4 中 $P_1, P_2, \cdots, P_5$ 表示追捕者,E_1, E_2, E_3 表示逃跑者,E_4 和 E_5 是引入的虚拟机器人,其追捕代价可以理解为无穷大。

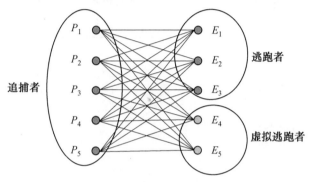

图 7.4　分配问题的偶图

　　要使预期追捕时间最小,追捕者和逃跑者的数量关系不同,任务分配的算法也不同,具体可分为以下两种情况。

　　(1) 追捕者数量大于逃跑者,即 $m > n$。

　　(2) 追捕者数量小于逃跑者,即 $m < n$。

　　对于追捕者数量大于逃跑者数量的情况,因为 $m > n$,可以为每个逃跑者分配至少一个追捕者负责追捕,所以每个逃跑者的被捕获时间都可以被估算出来。为使预计的总追捕时间最小,可采用下面的任务分配算法。

　　(1) 移除偶图中代价最高的边。

　　(2) 检查是不是所有的顶点都至少有一条边相连(即图中不包含独立的顶点)。

　　(3) 如果是,则重复步骤(1)～(2)。

　　(4) 如果否,则把连接到这条边上的追捕者和逃跑者配对并且从图中移除它们(连同它们所连接的边)。

　　(5) 对剩下的子图重复步骤(1)～(4)。

　　此算法首先把任务矩阵 $Q = [q_{i,j}] \in \mathbf{R}^{m \times n}$ 置为全 1,然后舍弃追捕者和逃跑者之间追捕代价最高的任务,即若当前追捕者 i 追捕逃跑者 j 的追捕代价 $V(x_p^i,$

y_e^j)为当前最高的追捕代价,则优先舍弃这个任务的分配并使 $q_{i,j}=0$。依次舍弃追捕代价中最高的任务并将任务矩阵中相应位置 0,直到舍弃某一任务后没有其他任何任务追捕该任务对应的逃跑者 j,或者该任务对应的追捕者 i 所有的任务都舍弃了,则分配该任务,即令 $q_{i,j}=1$,并将任务矩阵 $\boldsymbol{Q}=[q_{i,j}]$ 的第 i 行和第 j 列的其他元素设为 0。 则在不变换策略的情况下,此分配算法可获得最优分配结果。

图 7.5(a) 所示为八个追捕者和五个逃跑者的初始位置情况,追捕者和逃跑者的初始位置是在 200 m × 200 m 的场地中完全随机生成,其中追捕者和逃跑者的具体位置坐标见表 7.2。图 7.5(b) 所示为根据上述任务分配算法求得的分配结果示意图。

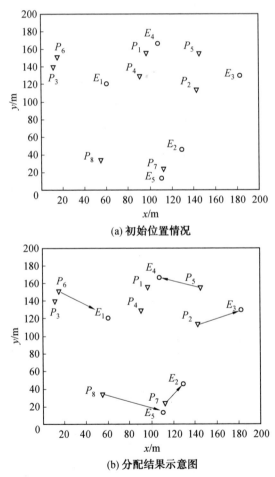

(a) 初始位置情况

(b) 分配结果示意图

图 7.5　八个追捕者和五个逃跑者的初始位置及任务分配

表 7.2　追捕者和逃跑者的具体位置坐标

追捕者	X 坐标	Y 坐标	逃跑者	X 坐标	Y 坐标
P_1	96.882 5	155.437 4	E_1	60.705 3	120.498 0
P_2	142.481 7	113.014 8	E_2	129.134 4	46.004 4
P_3	11.617 3	139.290 5	E_3	182.797 5	129.719 1
P_4	90.896 8	128.731 0	E_4	107.434 0	166.414 4
P_5	145.577 5	154.853 0	E_5	110.268 5	13.851 7
P_6	15.248 0	150.367 1			
P_7	112.123 1	23.701 0			
P_8	55.291 9	34.021 8			

由式(7.17)可计算出每个追捕者对每个逃跑者的时间代价,一共八个追捕者和五个逃跑者,由此可得下面的 8×5 的追捕代价矩阵,矩阵的值为追捕时间,单位为 s。

由上述任务分配算法获得的第一阶段的分配结果矩阵为

$$Q = \begin{bmatrix} 0 & 0 & 0 & 0 & 0 \\ 0 & 0 & 1 & 0 & 0 \\ 0 & 0 & 0 & 0 & 0 \\ 0 & 0 & 0 & 0 & 0 \\ 0 & 0 & 0 & 1 & 0 \\ 1 & 0 & 0 & 0 & 0 \\ 0 & 1 & 0 & 0 & 0 \\ 0 & 0 & 0 & 0 & 1 \end{bmatrix}$$

第一阶段的分配为每个逃跑者分配一个追捕者负责追捕,由分配结果矩阵可知,为1的任务有 $q_{6,1}$、$q_{7,2}$、$q_{2,3}$、$q_{5,4}$、$q_{8,5}$,这样每个逃跑者都有一个追捕者负责追捕,其中追捕代价最大的任务为 $c_{8,5} = 58.559\ 9$,并且找不到任何其他可以使这个值更小的分配方式。另有五个追捕者由于对每个逃跑者的追捕代价都较大,因此在此阶段没有分配任务。这部分追捕者将通过其他方法加入系统,与此阶段分配负责追捕的机器人进行配合追捕,此部分将在下文详细介绍。

对于追捕者数量小于逃跑者数量的情况,因为 $m < n$,所以为每个追捕者分配不同的任务后,仍会有逃跑者没有被任何追捕者作为追捕目标,预计总追捕时间不是当前任务中预计追捕时间最长的任务,还要计算追捕者完成当前任务后重新获得任务去追捕之前没有被列为追捕目标的逃跑者的追捕时间。而第一种情况下的任务分配算法只保证当前分配了的任务中,预计捕获时间最长的任务

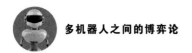

的追捕时间尽可能小。在这种情况下,采用下面的任务分配算法。

(1) 查找偶图中代价最小的边。

(2) 分配该边对应的追捕者的任务为追捕该边对应的逃跑者。

(3) 从偶图中移除该边(连同它们所连接的边)。

(4) 重复步骤(1)～(3)。

此算法首先将任务矩阵 $Q=[q_{i,j}]$ 置为全 0,然后找出追捕代价最小的任务,即若当前追捕者 i 追捕逃跑者 j 的追捕代价 $V(x_p^i, y_e^j)$ 为当前最小的追捕代价,则分配这个任务的分配并使 $q_{i,j}=1$,将任务矩阵 $Q=[q_{i,j}]$ 的第 i 行和第 j 列的其他元素设为 0。依次分配追捕代价中最低的任务(如追捕者已被分配,则跳过)并将任务矩阵中相应位置 1。此算法保证了追捕代价最小的任务的分配,而追捕代价最小的任务一般也是最快完成的任务。任务完成后,此任务中的追捕者即可被分配下一项任务,保证所有逃跑者能尽可能快地被捕获。此分配算法本身效率很高,时间复杂度仅为 $O(m)$(m 为追捕者数量),并且可以获得非常好的分配结果。

图 7.6(a) 所示为六个追捕者和八个逃跑者的初始位置情况,追捕者和逃跑者的初始位置是在 $200\ \text{m} \times 200\ \text{m}$ 的场地中完全随机生成的。其中,追捕者和逃跑者的具体位置坐标见表 7.3。图 7.6(b) 所示为根据上述任务分配算法求得的分配结果示意图。

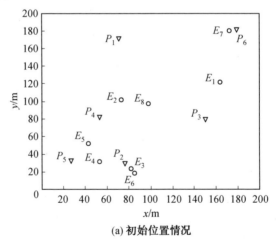

(a) 初始位置情况

图 7.6 六个追捕者和八个逃跑者追捕初始位置及任务分配

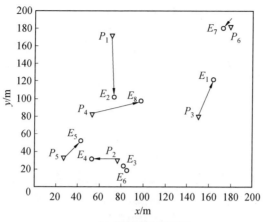

(b) 分配结果示意图

续图 7.6

表 7.3　追捕者和逃跑者的具体位置坐标

追捕者	X 坐标	Y 坐标	逃跑者	X 坐标	Y 坐标
P_1	70.789 5	172.009 7	E_1	163.545 6	121.969 9
P_2	76.464 4	30.016 5	E_2	73.171 4	102.384 9
P_3	150.445 4	80.153 0	E_3	82.325 4	23.674 0
P_4	53.504 4	82.704 2	E_4	53.184 9	32.197 4
P_5	27.361 8	33.755 2	E_5	43.103 4	53.191 5
P_6	179.569 1	182.104 2	E_6	85.108 1	18.937 8
			E_7	172.488 9	180.061 7
			E_8	98.355 5	98.065 5

追捕代价矩阵为

$$
C = \begin{bmatrix}
105.393\,0 & 69.665\,5 & 148.783\,6 & 140.916\,3 & 122.001\,2 & 153.740\,1 & 102.017\,7 & 78.915\,4 \\
126.643\,5 & 72.443\,3 & 8.635\,9 & 23.381\,4 & 40.620\,6 & 14.051\,7 & 178.141\,1 & 71.483\,5 \\
43.820\,9 & 80.408\,5 & 88.488\,4 & 108.440\,5 & 110.676\,2 & 89.533\,6 & 102.311\,6 & 55.083\,6 \\
116.836\,9 & 27.823\,0 & 65.690\,3 & 50.507\,8 & 31.291\,9 & 71.168\,4 & 153.739\,4 & 47.408\,8 \\
162.258\,6 & 82.514\,0 & 55.880\,5 & 25.870\,0 & 25.011\,3 & 59.617\,0 & 206.076\,4 & 95.791\,0 \\
62.232\,5 & 132.949\,7 & 185.893\,7 & 196.074\,0 & 187.726\,9 & 188.536\,9 & 7.368\,9 & 116.868\,1
\end{bmatrix}
$$

由上述任务分配算法获得的分配结果矩阵为

$$Q = \begin{bmatrix} 0 & 1 & 0 & 0 & 0 & 0 & 0 & 0 \\ 0 & 0 & 0 & 1 & 0 & 0 & 0 & 0 \\ 1 & 0 & 0 & 0 & 0 & 0 & 0 & 0 \\ 0 & 0 & 0 & 0 & 0 & 0 & 0 & 1 \\ 0 & 0 & 0 & 0 & 1 & 0 & 0 & 0 \\ 0 & 0 & 0 & 0 & 0 & 0 & 1 & 0 \end{bmatrix}$$

由分配结果矩阵可知,为 1 的任务有 $q_{1,2}$、$q_{2,4}$、$q_{3,1}$、$q_{4,8}$、$q_{5,5}$、$q_{6,7}$。每个追捕者都分配了追捕任务,其中取到了最小的 $c_{6,7} = 7.368\,9$,并且其中最大的 $c_{1,2} = 69.665\,5$ 也比大多追捕代价要小得多。因为逃跑者数量较多,所以即使每个追捕者都分配了不同的追捕任务,仍然有 3 号和 6 号两个逃跑者没有追捕者负责追捕,这部分逃跑者将在其他追捕者完成追捕或任务进行重新分配时逐渐被列为追捕目标,并最终被全部捕获。

7.3.4 基于量子拍卖的追捕任务再分配算法

第二阶段的任务分配算法有一个明显的缺点:如果只在追捕开始之前执行该分配算法,就会默认忽略一个在多人追捕博弈中很重要的一点 —— 追捕者之间的合作。实际上,追捕者之间主动追捕的协作加强方面被有目的地忽略了,本章以下提出的任务重分配方法可以有效弥补该方面的漏洞,并且避免对组合最优分配的 NP 难题的求解。

在第三阶段执行追捕阶段,会出现两种情况:一种情况是追捕者的数量小于或等于逃跑者的数量,即 $m \leqslant n$ 时,每个追捕者都会被分配到具体的追捕目标,则执行单一双人追捕,追捕策略主要是追捕方向的调整,这样的追捕称为正常追捕(normal pursuit);另一种情况是追捕者的数量大于逃跑者的数量,即 $m > n$ 时,执行围堵追捕(containment pursuit),即有多余的追捕者去执行封堵或者沿着靠近某个特定逃跑者的围堵式追捕方法,从而体现多机器人的协作。随着逃跑者逐渐被捕获,这种方式必然产生,并且因追捕后期出现稀疏效应。

追捕者和逃跑者之间的追捕时间矩阵 C 实际上是与实时位置相关的函数 $x(t)$,即 $C[x(t)]$。很明显,这个函数的取值会因为以下原因而时刻发生变化。

(1)有新的逃跑者被追捕到。

(2)传感器的噪声导致机器人获得的数据是有误差的。

(3)Hamilton 方程的建模误差。

(4)逃跑者不按照最优路线逃跑而引起的不必要"追捕浪费"。

(5)由于有多个追捕者和逃跑者存在,因此追捕过程中追捕者可能发现更容易的追捕对象。

为使任务分配变得更加灵活、准确,本章在发生以下两种情况时对单一双人追捕任务进行重新分配。

（1）预定的时钟触发时间间隔。

（2）有新的逃跑者被捕获。

当新分配的单一双人追捕博弈对与预测阶段分配的任务不同时，追捕者可能移交或者改变目标。但是目标移交／改变必须非常慎重，频繁的目标改变会导致系统不是很稳定。因此，进行追捕任务重分配很有必要。

随着逃跑者的逐渐减少，追捕者之间的合作与竞争也越来越重要。由于追捕者的自利性，在追逐猎物的过程中极易造成个人利益与整体利益的矛盾，且该矛盾不可调和，因此有必要使用新型量子拍卖算法来完成追捕过程中的任务再分配问题。

量子拍卖算法的具体实现步骤如下。

（1）任务声明。

① 拍卖机器人通过广播方式发布一个关于追捕任务的消息声明，消息包括消息的类型、消息的发布者、消息的接受者、与该消息相关的追捕任务、消息发送者对该任务的价格评价、消息发送者对该任务的期望完成时间和该消息的有效时限。

② 收到广播消息的机器人通过一定的方法决定是否参与拍卖，同意参与拍卖的机器人将成为投标者。

③ 分发 p 个量子位给每个投标者来描述拍卖的状态，并向投标者宣告如何解释量子状态，同时宣告量子初始状态。

（2）投标。

每个投标者计算自己的投标值并选择对 p 个量子位的一次操作，来保证其操作的私密性，将其 p 个量子位的状态进行广播，其中只有拍卖机器人能够存储并处理所有投标者的投标量子信息，投标者收到其他投标者的量子信息后无法识别，从而保证量子标书的安全性。

（3）标的评估。

拍卖者采用绝热量子搜索算法完成胜标的搜索，确定最终中标者和中标价。

（4）授权。

拍卖者向最终胜标者发送合同授权，在获得竞标者的同意后建立合同，完成该次量子拍卖。

图 7.7 所示为四个追捕者和三个逃跑者的任务重分配，各机器人初始位置的坐标见表 7.4。

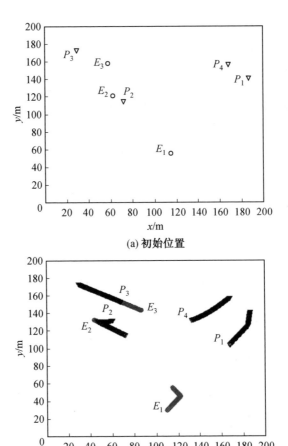

图 7.7 四个追捕者和三个逃跑者的任务重分配

表 7.4 各机器人初始位置的坐标

追捕者	X 坐标	Y 坐标	逃跑者	X 坐标	Y 坐标
P_1	186.879 4	141.444 8	E_1	114.937 5	55.325 1
P_2	71.897 9	115.132 5	E_2	62.279 3	121.076 4
P_3	29.398 4	173.135 5	E_3	57.750 6	158.387 7
P_4	168.337 7	157.196 9			

计算出最初的追捕代价矩阵为

$$C = \begin{bmatrix} 112.215\,7 & 126.254\,5 & 130.236\,1 \\ 73.684\,9 & 11.307\,8 & 45.510\,7 \\ 145.589\,0 & 61.574\,9 & 31.958\,7 \\ 115.019\,2 & 112.040\,3 & 110.594\,9 \end{bmatrix}$$

任务分配矩阵为

$$Q = \begin{bmatrix} 1 & 0 & 0 \\ 0 & 1 & 0 \\ 0 & 0 & 1 \\ 0 & 0 & 1 \end{bmatrix}$$

任务 $q_{3,3} = 1$、$q_{4,3} = 1$ 表示 P_3、P_4 的追捕目标都是 E_3，其中 P_3 为主要追捕者，P_4 配合 P_3 对 E_3 进行追捕。

在经过一定时间 T 后，E_2 首先被捕获。这时进行任务重分配，任务发生了变化，任务分配矩阵为

$$Q = \begin{bmatrix} 1 & 0 & 0 \\ 0 & 0 & 1 \\ 0 & 0 & 1 \\ 0 & 0 & 1 \end{bmatrix}$$

由图 7.7(b) 可以看出，P_1 追捕 E_1，P_2、P_3、P_4 合作追捕 E_3，与任务分配矩阵一致。因为 E_2 已经被捕获，所以任务矩阵中第二列全为 0。

7.4　基于快速推进法的分层追捕算法

本节在追捕时，协作追捕机器人采用基于活跃区域的快速推进法对逃跑者的逃跑方向进行协作封堵任务。而在上文的任务分配阶段，在追捕者数量较多的情况下，多出来的那部分追捕者通过追捕代价并不能得到很好的分配结果。只有在同时考虑追捕代价、自身的位置与各逃跑者的位置和速度时，才能更好地决定与哪个追捕者进行配合才能获得更高的追捕效率，而这一点通过快速推进法可以得到很好的解决。

7.4.1　快速推进法

快速推进法(fast marching method，FMM)是图像处理中一种实现界面演化跟踪的水平集方法，在医学图像分割方面得到了广泛应用。快速推进法是解决 Eikonal 方程的一种高效方法，即

$$|\nabla T| F = 1 \tag{7.19}$$

通常,直接求解 Eikonal 方程是非常困难的,因此通过求解下面差分方程来得到式(7.19)的近似解,即

$$[\max(D_{i,j}^{-x}T_{i,j},0)^2 + \min(D_{i,j}^{+x}T_{i,j},0)^2 +$$
$$\max(D_{i,j}^{-y}T_{i,j},0)^2 + \min(D_{i,j}^{+y}T_{i,j},0)^2]^{1/2} = 1/F_{i,j} \qquad (7.20)$$

式中,$D_{i,j}^{+}$ 和 $D_{i,j}^{-}$ 分别是 $T_{i,j}$ 的前向和后向差分算子。$|\nabla T|$ 是近似差分值,式(7.20)可以改写成

$$\sum_{k=1}^{2} \max\left(\frac{T_{i,j}-T_k}{\Delta_k},0\right)^2 = \frac{1}{F_{ij}^2} \qquad (7.21)$$

式中

$$\Delta_1 = \Delta_x, \Delta_2 = \Delta_y$$
$$T_1 = \min(T_{i-1,j},T_{i+1,j}), T_2 = \min(T_{i,j-1},T_{i,j+1})$$

式(7.21)的解可以被归纳为以下三种。

$T_{i,j} > \max(T_1,T_2)$,求解式(7.21)可得 $T_{i,j}$,即

$$\sum_{k=1}^{2} \max\left(\frac{T_{i,j}-T_k}{\Delta_k}\right)^2 = \frac{1}{F_{ij}^2} \qquad (7.22)$$

$T_2 > T_{i,j} > T_1$,即

$$T_{i,j} = T_1 + \frac{\Delta_1}{F_{i,j}} \qquad (7.23)$$

$T_1 > T_{i,j} > T_2$,即

$$T_{i,j} = T_2 + \frac{\Delta_2}{F_{i,j}} \qquad (7.24)$$

在用快速推进演化中,设从一个点到达它相邻的点 x 的时间为 $T(x)$,则下一个到达的点是相邻点中 $T(x)$ 最小的点。

快速推进法的基本思想也可用图 7.8 所示快速推进法的基本思想来解释。

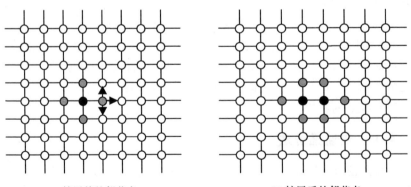

(a) 扩展前的邻节点   (b) 扩展后的邻节点

图 7.8   快速推进法的基本思想

图 7.8 中所有的点可分为三类：黑色的点为 T 值已知的点，构成点集 Known；灰色的点为已知点的邻接点，构成点集 Neighbors；白色的点为远点，构成点集 Far。快速推进法就是通过不断地从集合 Neighbors 中选取 T 值最小的点加入集合 Known 来扩散 Known 包含的区域。由集合 Neighbors 中的点构成的曲线即式(7.19)的近似解。

在邻接点集合 Neighbors 中查找 T 值最小的点，可以通过堆排序来实现。以 T 值作为权值，为 Neighbors 中的点建立一个最小堆，堆中根节点就是 T 值最小的点。当根节点从集合 Neighbors 中删除并加入 Known 集合中、新的邻接点加入以及邻接点的 T 值更新以后，需要对堆进行调整。

7.4.2　活跃区域

利用快速推进法，可以为追捕者和逃跑机器人构建相应的活跃区域。活跃区域是指在经过时间 t 后机器人最有可能出现的区域。以机器人当前位置为起始点来构造活跃区域，在构造过程开始前的初始操作如下。

（1）以机器人当前位置为起始点，加入点集 Known，并设置其 T 值为 0。

（2）与机器人相邻的点加入点集 Neighbors，并用式(7.2)计算出每个邻接点的 T 值，建立最小堆(heap)，则堆的根就是 Neighbors 中 T 值最小的点。

（3）其他点为远点，加入点集 Far。

集合 Known 中的点所在的区域即活跃区域，集合 Neighbors 构成了活跃区域的边界曲线。追捕中的活跃区域如图 7.9 所示，P_1、P_2 为追捕者，E 为逃跑者，P_1、P_2 范围较小的圆形区域为捕获范围，较大的椭圆形区域就是追捕者此时的活跃区域。

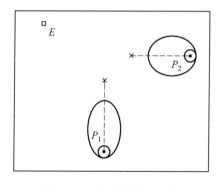

图 7.9　追捕中的活跃区域

协助追捕者直接追捕逃跑者的策略显然是不合理的，因为它忽略了多人合作追捕的本质。由上节可知，活跃区域是可扩散的，通过扩散逃跑者的活跃区域，追捕者可以预测逃跑者在时间 t 内可能到达的位置，然后提前向目标位置移动。追捕过程中,一方面,逃跑者必须避开追捕者的活跃区域;另一方面,追捕者从逃跑者的逃跑线路进行压迫,有效地压缩了逃跑者的生存空间。图 7.10 所示为追捕者和逃跑者在某一瞬时的路线选择。

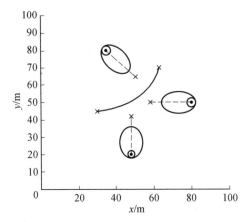

图 7.10   追捕者和逃跑者在某一瞬时的路线选择

7.4.3   基于快速推进算法的动态联盟生成算法

在 m 个追捕者追捕 n 个逃跑者的追逃微分博弈问题中,定义追捕逃跑者 j 的最大追捕者数量为 m_j,则 $m = m_1 + m_2 + \cdots + m_n$。因此,对于给定 m 个追捕者和 n 个逃跑者,将 m 个追捕者分成 n 个联盟,每个联盟的大小为 m_j,其中 $j(j = 1, 2, \cdots, n)$ 为逃跑者的编号。

每个追捕者 P_i 都同时属于追捕者集合 P 和联盟集合 D。联盟集合 D 的形成要经过以下三个阶段。

1. 确定追捕者联盟的数量

这里限制追捕者联盟形成的前提条件是 $m > n$,即追捕者的数量大于逃跑者。定义逃跑者 j 的估计被捕获时间为 t_j,估计总追捕时间 T,$T = \max(t_j)(j = 1, 2, \cdots, n)$。若追捕者的数量不大于逃跑者,并且追捕者中有至少一组是两个或两个以上形成的联盟,则追捕开始阶段必定存在没有追捕者负责追捕的逃跑者。此时,逃跑者 j 的估计被捕获时间无从计算,设追捕者 i 此时刻改去追捕逃跑者 j 的追捕时间为 $t_{i,j}$,追捕者 i 和其他追捕者形成联盟追捕逃跑者 x,且完成任务后追捕者 i 被分配来追捕逃跑者 j。由于追捕者 $i(i = 1, 2, \cdots, m)$ 的目标不是逃跑者 j,因此 $t_{i,j}$ 会很快增加,设增加量为 $\nabla t_{i,j}$,$t_j = t_x + t_{i,j} + \nabla t_{i,j}$。绝大多数情况下,$t_x + \nabla t_{i,j} > \nabla t_x$,所以在绝大多数情况下,$t_j$ 变大了。因此,在追捕者数量不大于逃跑者的情况下,追捕者联盟的成员数不宜多于 1 个。

2. 确定每个联盟 D_j 的主追捕者

本阶段确定主追捕者,通过 7.3.2 节介绍的任务分配算法的第一阶段来实现。

当 $m \leqslant n$ 时,求得追捕代价矩阵中最大的追捕代价 $\max(c_{i,j})(i=1,2,\cdots,m;j=1,2,\cdots,n)$。舍弃这个任务对,重复上述过程,直到矩阵中某行或列完全被舍弃,若此时舍弃的是 $c_{i,j}$,则令 $D_j=P_i,m_j=m_j+1$,然后删除第 i 行和第 j 列。重复此过程,直到每个追捕者都被分配了任务。此时,每个追捕者都被分配单独追捕一个逃跑者,因此每个追捕者都在不同的联盟并且都属于主追捕者,这种情况下没有协助追捕者。

当 $m > n$ 时,$j=1,2,\cdots,n$。求追捕代价矩阵中的最小值 $\min(c_{i,j})(i=1,2,\cdots,m;j=1,2,\cdots,n)$。分配这个任务,且 $D_j=P_i,m_j=m_j+1$,移除追捕代价矩阵中的第 i 行和第 j 列,重复上述过程,直到每个逃跑者都分配了追捕者。此时,追捕联盟 D_j 的主追捕者为 P_i。

3. 为联盟 D_j 加入其他协助追捕者

当追捕者数量不大于逃跑者,即 $m \leqslant n$ 时,在分配主追捕者时,追捕者集合 P 中所有追捕者都已分配了任务,所以此阶段不再为任何联盟分配协助追捕者。

当追捕者数量小于逃跑者,即 $m < n$ 时,将会正常执行本阶段,为各联盟加入协助追捕者。定义机器人 r 用快速推进法演化时间 t 后,Known 点的集合为 $\text{Known}_{r,t}$。对于追捕者 P_i 和逃跑者 E_j,当 $\text{Known}_{P_i,t} \bigcap \text{Known}_{E_j,t}$ 不为空时,$t_{i,j}=1/t$ 为追捕者 P_i 对逃跑者 E_j 的追捕期望值,此期望值表示追捕者 P_i 加入追捕逃跑者 E_j 的追捕联盟 D_j 的可能性。追捕期望值越大,追捕者越有可能加入这个团队。

此方法的合理性将通过图 7.11 所示的追捕期望值来说明。

图 7.11 中,小圆形为逃跑者,三角形为追捕者,黑色线条围成的类椭圆区域为活跃区域。在图 7.11(a) 中,逃跑者的运动方向为追捕者所在方向的相同方向。因为在本章中,活跃区域的演化过程中机器人运动方向的反方向 180° 的范围内是没有演化速度的,所以要使 $\text{Known}_{P,t} \bigcap \text{Known}_{E,t}$ 不为空,演化时间 t 就较长,相对的追捕者对该逃跑者的追捕期望值就较小。在图 7.11(b) 中,追捕者与逃跑者的运动方向相对,$\text{Known}_{P,t}$ 和 $\text{Known}_{E,t}$ 很快就会有交集,演化时间 t 就较短,相对的追捕者追捕该逃跑者的期望值就较大。

本阶段通过演化扩散每个机器人的活跃区域,最终求得所有 $t_{i,j}$。对于追捕者 P_i,选取追捕期望值最大的联盟加入。这个方法既考虑了追捕者和逃跑者之间的距离,又考虑了追捕者和逃跑者的运动方向,能够让追捕者选择非常合理的联盟加入。

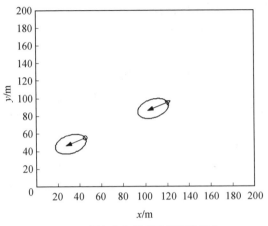

(a) 相向方向运动追捕期望较小

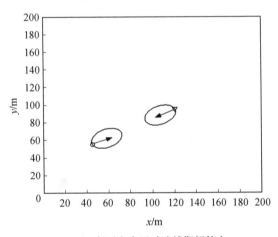

(b) 相对方向运动追捕期望较大

图 7.11　追捕期望值

本章还对联盟中的追捕者数量设置了限制,规定一个联盟的最大追捕者数量为 NpursuerMax,主要是防止一个联盟的成员数量过多,从而影响其他追捕联盟的追捕效率,某个联盟的成员达到 NpursuerMax 以后就不再加入新的成员,从而纳入其他联盟。

7.4.4　基于快速推进的多机器人追逃量子随机博弈

上文提到的分层追捕算法在分配任务时只依靠追捕代价,而由式(7.17)可知,追捕代价只与追捕者和逃跑者之间的距离有关,这种情况下可以找到一种代价较低的分配方式,但在追捕者数量较多时,多追捕者之间的协作追捕考虑得不够充分。利用快速推进法,可以预测逃跑者的逃跑路径,让追捕者做出更加有效的策略；也可以通过扩散自己和逃跑者的活跃区域，给配合追捕的追捕者分配更加合理的追捕目标。

基于快速推进的多机器人追捕多猎物的量子随机博弈与上述分层算法类似，包括四个阶段：当前环境状态预测阶段、基于量子拍卖算法的多任务分配和动态结盟阶段、基于量子协作强化学习的动态角色分配阶段、基于量子随机博弈论的二局中人非合作博弈求解阶段。

1. 当前环境状态预测阶段

系统利用三维未知环境下多机器人协作 SLAM 等相关技术，使用多机器人的多传感器来创建环境的混合地图，协作探索环境，搜索猎物，完成追捕者和猎物的定位，分别计算捕获每一个猎物的代价，完成对当前环境状态的预测。

2. 基于量子拍卖算法的多任务分配和动态结盟阶段

在 N 个追捕者追捕 M 个猎物的情况下，尤其是追捕者数量超过猎物数量时，当系统中某个机器人探测到新的猎物时，采用上述量子拍卖算法将该追捕任务分配给适当的一个或者几个机器人，动态构建机器人追捕联盟。同时，受环境的动态变化性，在追捕者执行追捕任务的过程中，以前分配的任务随着新任务的加入或者其他条件的变化（如猎物的逃跑策略的变化等）而可能使系统性能降低，此时可以通过利用量子拍卖算法将这些已经分配的任务重新拍卖，重新分配任务，提高系统的整体性能，追捕者可以从中获取 Nash 均衡点，从而更加主动地选择最有利于自己的策略。这样，个人利益期望就得到了满足。与此同时，处于 Nash 均衡点的操作也使得追捕者分为三条路径进行追捕，整体利益也达到了最大化。

3. 基于量子协作强化学习的动态角色分配阶段

联盟中的每个追捕者被分配给相同的追捕目标和赋予不同的追捕角色。其追捕角色或者是直接拦截猎物，或者是堵截干扰猎物，或者是直接跟踪猎物，不同的角色决定追捕者在追捕过程中采用不同的行为，形成不同的动作集合。将追捕联盟中 n 个追捕者追捕单个猎物的学习问题转化成许多共享一个量子位纠缠对的两个局中人之间小范围的学习问题，每个追捕者同时参与 $n-1$ 次小范围的学习，可以同时与其他 $n-1$ 个追捕者进行交互和策略的协调。每个追捕者计算各自的动态追捕责任区（dynamic performance-based region of responsibility，DPRR），如果某个猎物在某个追捕者的 DPRR 中，则该追捕者的责任就是直接拦截它或者直接追踪它（取决于追捕者和猎物的相对运动速度），该追捕者的角色被赋予直接拦截角色或跟踪角色；如果在某个追捕者的 DPRR 中，不存在它所追捕的猎物，那么追捕者将移向一个试图堵截并干扰猎物的虚拟目标，其中虚拟目标点是指在追捕者 DPRR 边界上具有捕获猎物的估计时间与猎物到达该点的时间相差最大的那一点，该点也是猎物最有可能冲破追捕者的

DPRR 区域的点。由于环境和猎物状态的动态变化性,因此每个追捕者的 DPRR 应该定期更新,分配给追捕者的任务也应该随着猎物采取的动作来经常改变。

4.基于量子随机博弈论的二局中人非合作博弈求解阶段

量子随机博弈模型实质上也是一种将量子矩阵博弈模型扩展到多态、多时段随机博弈模型的有效工具,量子随机博弈中的每一个状态都可以看作具有由某一个局中人收益函数确定的每一个关联动作收益值的量子矩阵博弈,在使用矩阵博弈获得收益后,局中人转换至由它们联合动作所决定的其他状态。追捕者在追捕过程的各个阶段会根据自己的角色采取不同的追捕策略,其行为可以看作多阶段的策略组合。根据其角色,可将追捕者分为拦截机器人(intercept robot,IR)、跟踪机器人(track robot,TR)、堵截机器人(block robot,BR)和静止机器人(silence robot,SR)。追捕过程又可以分为搜索猎物、发现猎物后动态结盟、分配角色、围追堵截和收缩包围圈五个阶段。追捕者的组合策略集中包含 20 个不同的策略。猎物在被追捕过程中可以根据场上态势,从其策略集中选择不同的策略与追捕者博弈。单个追捕者和猎物之间可以组成不同的交战模式 $(4 \times 5 \times 5 = 100(个))$,每个交战模式形成一个二局中人非合作零和博弈。在这些博弈中,猎物和追捕者的收益函数都与相互间的距离有关:距离越远,猎物越安全,其获得的收益越大,当其冲破追捕者的包围圈或者到达一定时间期限依然没有被捕获时,其收益值最大;相反,追捕者和猎物间的距离越小,追捕者的收益值越大,直到猎物被捕获,此时追捕者的收益最大。每个追捕者在选择自己的博弈策略后,需要利用运动图进行求解来实现自己的策略,此时运动图模式中各个动作的控制参数无论是采用手工方法,还是采用自适应调整的方法,追捕效果都没有得到显著提高。本节提出基于量子强化学习和遗传算法的模糊逻辑控制学习算法(fuzzy logic control algorithm based on quantum Q — Learning and genetic algorithm,FLC — QQLGA),以提高运动图的追捕效率。每个追捕者不再通过计算追捕者的八种行为动作混合而成的某种行为,而是通过量子 Q — Learning 首先学习出在有障碍物存在的离散状态(粗糙)下的追捕者策略(可以使用机器人的运动速度 u_p 及运动方向 θ 来描述其具体策略)。在利用量子强化学习算法学习追捕策略时,每个追捕者都能够利用量子强化学习通过动态角色转换的方法预测学习其他追捕者实时的追捕行为;然后以此作为专家的初步经验,构造出模糊逻辑控制器的各项参数,把离散状态空间扩展到连续状态空间,从而实现状态的全覆盖;再利用遗传算法天生具备的调节模糊逻辑控制器的参数优势,使模糊控制器的各项参数得到较好优化。

图 7.12(a) 所示为五个追捕者和三个逃跑者追捕场景中各机器人的初始位置,FFM 任务分配各机器人的初始坐标见表 7.5。

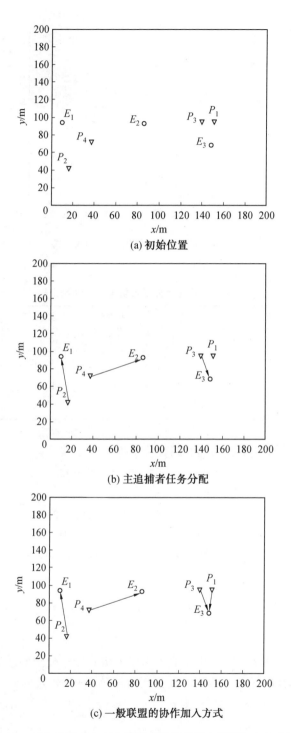

图 7.12 　 四个追捕者和三个逃跑者追捕场景中联盟加入方式比较

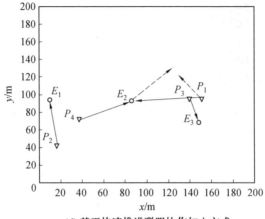

(d) 基于快速推进联盟协作加入方式

续图 7.12

表 7.5　FFM 任务分配各机器人的初始坐标

追捕者	X 坐标	Y 坐标	逃跑者	X 坐标	Y 坐标
P_1	151.253 1	94.844 3	E_1	10.207 2	93.240 8
P_2	16.437 3	41.657 4	E_2	86.382 8	92.964 9
P_3	139.916 4	95.227 5	E_3	148.628 8	68.044 9
P_4	37.489 8	71.402 4			

此时,博弈中的机器人追捕时间代价矩阵为

$$C = \begin{bmatrix} 141.055\ 2 & 64.897\ 4 & 26.928\ 3 \\ 51.958\ 5 & 86.746\ 1 & 134.799\ 6 \\ 129.724\ 4 & 53.581\ 9 & 28.545\ 7 \\ 34.947\ 8 & 53.437\ 1 & 111.190\ 8 \end{bmatrix}$$

根据任务分配算法,主追捕机器人的初始任务分配的结果为

$$Q = \begin{bmatrix} 0 & 0 & 0 \\ 1 & 0 & 0 \\ 0 & 0 & 1 \\ 0 & 1 & 0 \end{bmatrix}$$

为方便观察,图 7.12(b) 中用箭头标注了初始任务分配的结果。此时,只有 P_1 没有承担主追捕任务。若只以追捕代价矩阵为依据,可知 $c_{1,1} = 141.055\ 2$,$c_{1,2} = 64.897\ 4$,$c_{1,3} = 26.928\ 3$,则 $c_{1,1} > c_{1,2} > c_{1,3}$,由此计算出任务分配矩阵为

$$Q = \begin{bmatrix} 0 & 0 & 1 \\ 1 & 0 & 0 \\ 0 & 0 & 1 \\ 0 & 1 & 0 \end{bmatrix}$$

此时的分配情况如图 7.12(c) 所示。由观察可知，P_1、P_3 处于 E_3 的同一侧，除非采用随机逃跑模式，否则 E_3 的逃跑方向都是另一侧。此时，P_1 去配合 P_3 追捕 E_3 显然不能迫使 E_3 很大程度地改变逃跑路线，不能取得很好的效果。实际上，在本算法的实验下，经过两个子阶段的任务分配得到的任务分配矩阵为

$$Q = \begin{bmatrix} 0 & 1 & 0 \\ 1 & 0 & 0 \\ 0 & 0 & 1 \\ 0 & 1 & 0 \end{bmatrix}$$

由任务分配矩阵可知，此时 P_1 的追捕目标是 E_2，同时负责追捕 E_2 的追捕者是 P_4。而由追捕代价矩阵又知 $c_{3,2} > c_{4,2}$，说明 P_3 与 E_2 的距离比 P_4 与 E_2 的距离远，且 P_3 负责追捕 E_3，初始追捕方向在 E_3 方向，其活跃区域是向下扩散的，即使逃跑者 E_2 由构造追捕者活跃区域来规划逃跑路径，在其与 P_4 连线的相反方向，仍然不会经过 P_3 的活跃区域，因此 E_2 的逃跑方向是与 P_4 连线的相反方向，此时 P_1 配合 P_4 追捕 E_2 很明显可以取得非常好的效果。如图 7.12(d) 所示，其中实线箭头表示任务分配，虚线箭头表示机器人接下来实际的运动方向，三角形表示追捕者，圆形表示逃跑者。

7.5　实验及分析

仿真实验场地为 200 m × 200 m 的方形区域。随机放置四个追捕者和三个逃跑者，追捕者的速度为 4.0 m/s，逃跑者的速度为 3.0 m/s，捕获半径为 2 m，逃跑者落到追捕者的抓获半径以内即认为抓获成功。如果仿真在 1 000 个周期内仍不能捕获逃跑目标，则实验结束，判定为追捕失败。

逃跑者采用基于快速推进法构建追捕者的活跃区域进行智能躲避，协作追捕者在联盟内采用直接追捕法的追捕过程，称该组实验为仿真实验一(图 7.13)。

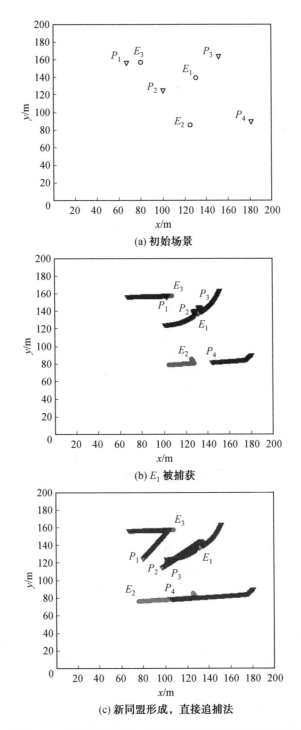

(a) 初始场景

(b) E_1 被捕获

(c) 新同盟形成，直接追捕法

图 7.13　四个追捕者和三个逃跑者直接追捕过程示意图

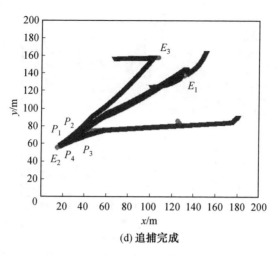

(d) 追捕完成

续图 7.13

在实验中,追捕者主要分为两类:第一类称为主追捕机器人,即分配到单一双人追捕任务的机器人;第二类机器人称为协作追捕者,协作机器人依据 Naive 联盟生成算法被划分到不同的追捕联盟中。协作追捕者可以采用两种策略:第一种策略是直接追捕距离自己最近的机器人;第二种策略是协作主追捕机器人,利用快速推进法计算自身所属追捕联盟锁定的逃跑者的未来活跃区域,并根据活跃区域选择合适的追捕方向,协作主追捕者对逃跑者的逃跑路线进行有效的封堵。

逃跑者可以采用以下三种策略。

(1) 随机逃跑。

(2) 只智能躲避主追捕机器人。

(3) 根据快速推进法计算追捕者的活跃区域,智能躲避多个追捕者。

仿真实验一中参与追逃的各机器人的初始位置见表 7.6。

表 7.6　仿真实验一参与追逃的各机器人的初始位置

追捕者	X 坐标	Y 坐标	逃跑者	X 坐标	Y 坐标
P_1	67.137 0	156.617 2	E_1	130.816 4	138.738 3
P_2	152.033 2	163.407 5	E_2	125.570 9	85.428 7
P_3	101.014 6	124.419 0	E_3	80.337 2	156.905 2
P_4	181.161 0	89.913 5			

追捕者和逃跑者都采用快速推进法计算对抗双方的活跃区域的智能追逃过程称为压迫式追捕,称该组实验为仿真实验二(图 7.14)。

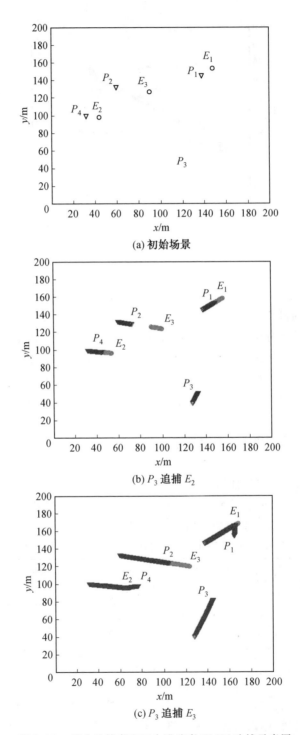

(a) 初始场景

(b) P_3 追捕 E_2

(c) P_3 追捕 E_3

图 7.14　四个追捕者和三个逃跑者 FMM 追捕示意图

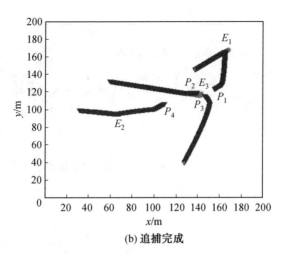

(b) 追捕完成

续图 7.14

　　初始时(图 7.14(a)),根据分层机制及相应的单一追捕代价,追捕博弈被划分为三个追捕同盟,分别是 P_1 追捕 E_3,P_2、P_3 追捕 E_1,P_4 追捕 E_2。其中,P_1、P_3、P_4 为主追捕者。图 7.14(b) 所示为 E_1 被捕获后,P_2 和 P_3 加入追捕 E_3 的联盟,继而很快 E_3 也被捕获。图 7.14(c) 所示为追捕只剩下一个联盟,四个追捕者都执行围捕 E_2 的任务。图 7.14(d) 中 E_2 被捕获,总共耗费的时间为 $t=42.9$ s。在联盟内部,所有机器人采用直接追捕法逼近随机逃跑者的情况下,每个追捕者追捕方向直接指向逃跑者所在位置,很容易出现图 7.14(d) 中四个追捕者全部跟在逃跑者身后的情况,因此造成捕获全部逃跑者的时间相对较长,该方法不是最优方法。

　　仿真实验二中各机器人的初始位置见表 7.7。

表 7.7　仿真实验二中各机器人的初始位置

追捕者	X 坐标	Y 坐标	逃跑者	X 坐标	Y 坐标
P_1	137.685 7	145.843 6	E_1	147.793 0	153.136 0
P_2	59.684 5	132.346 5	E_2	43.637 1	98.157 6
P_3	127.917 6	39.270 1	E_3	90.205 5	126.336 3
P_4	31.419 6	99.705 5			

　　包含四个追捕者和三个逃跑者随机位置的 50 场追捕博弈采用直接追捕法和基于 FMM 的压迫式追捕法的时间性能比较如图 7.15 所示。

　　在每场追捕中,逃跑者选取基于 FMM 的智能躲避多个追捕者法,追捕机器者分别采用直接追捕和基于 FMM 的压迫式追捕。可以发现,基于 FMM 的压迫

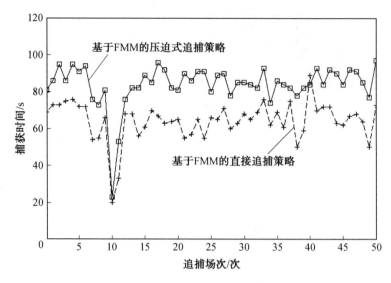

图 7.15 直接追捕法和基于 FMM 的压缩式追捕法的时间性能比较

式追捕每场的总追捕时间都比直接追捕要高很多,经过数据统计,整体上平均追捕时间较直接追捕法可以提高 32%。第 10 场的追捕时间较低是因为逃跑者的初始位置非常靠近追捕者,所以很快就被捕获。

除对追捕者策略进行比较外,本章也对逃跑者的策略进行了比较。逃跑者在采用三种不同的逃跑策略情况下被捕获的总时间性能比较如图 7.16 所示,即

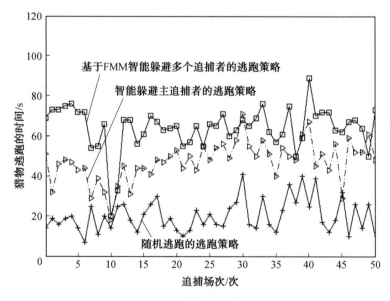

图 7.16 逃跑者在采用三种不同的逃跑策略情况下被捕获的时间性能比较

追捕者都采用基于 FMM 的分层追捕算法,而逃跑者分别采用随机逃跑策略、智能躲避主追捕者和基于 FMM 智能躲避多个追捕者,从而测试一下基于 FMM 智能躲避对逃跑者的逃跑性能会产生多大的影响。

可以看出,整体上基于 FMM 智能躲避多个逃跑者的逃跑策略的总被捕获时间最长,智能躲避主追捕者的逃跑策略次之,随机逃跑的逃跑策略最差。50 场追捕博弈的平均被捕获时间上,基于 FMM 智能躲避多个追捕者比智能躲避主追捕者高 25%,比随机逃跑高 64%。

所有的实验结果表明,本章提出的基于 FMM 的多机器人分层追捕算法非常有效,可以极大地提高追捕效率。

7.6　本章小结

本章提出了一种针对多追捕者和多逃跑者的追逃问题的分层追捕算法。该方法不仅能降低问题的复杂度,还能使问题以分散式的方式被解决。本章提出的基于 FMM 构建逃跑者活跃区域的思想有效地提高了追捕效率,大大缩短了追捕时间。

本章在进行所采用的分层方法时涉及的第一阶段即追捕代价计算阶段是基于场地没有障碍物的,即追逃机器人都可以采用直线运动,不需要进行避障。如果场地中有障碍物存在,则追捕代价要根据障碍物进行分段计算,累计求和并且还要加上避障的代价。由于逃跑者是动态的,障碍物的存在、每个机器人初态和末态都不易确定,因此本方法在应用时将会出现非常多的问题。多机器人追捕还需要采用其他更加有效的追捕方法。

第 8 章

复杂障碍物下的多机器人协作追捕算法研究

本章首先将基于运动图式的方法引入机器人导航和机器人追捕中，解决复杂障碍物下的多机器人追捕动作规划；其次介绍传统的强化学习、模糊系统和遗传算法的工作原理，在此基础上，详细叙述 FLC－QLGA 的追捕策略算法；最后通过相应的仿真实验，表明该方法既可以节省学习的训练时间，还可以提高追捕的效率。

8.1　引　言

第 6 章对多机器人追捕时的追捕者处于弱势条件下的追捕约束条件进行了研究,给出了在多个追捕者追捕单一逃跑者情况下的追捕约束条件及满足该约束条件下的"最优"追捕策略。但是从实验结果上可以发现,没有保证追捕的成功率达到 100%,因此称给出的条件为必要条件。如果再加上合适的智能自适应算法,如机器人学习算法,则理论上可以实现完全追捕成功。第 7 章实现了一种基于快速推进法的多机器人追捕算法,实现多个追捕者追捕多个逃跑者,协助围捕的追捕机器人通过计算逃跑者的运动扩展轨迹,有效地对逃跑者的逃跑路线进行合理的封堵,达到压迫逃跑者的逃跑空间的目的,从而减少追捕时间。以上追捕问题虽然考虑的都是时间和空间连续的追捕问题,但都没有涉及考虑机器人本体限制及周围障碍物的存在。在实际情况下,机器人一般受本体机制的限制,实时的运动行为都受限,如不能实现"瞬时"转身等动作。而随着障碍物的存在,机器人在实际运动过程中要躲避障碍物,同时使追逃机器人在单一双人博弈时的运动方程变得更加不确定,从而计算不出最优的追捕路径及追捕时间。本章即考虑在连续状态下,机器人本体受限且有障碍物情况下的多机器人是如何实现对逃跑者的成功追捕的。

在有障碍物存在的情况下,追逃机器人的运动控制更加复杂,计算单一双人博弈追捕的代价也变得非常困难,因此基于分层追捕算法也就不再非常合适。本章尝试研究连续状态空间下有障碍物时的多机器人追捕算法。在反应式追捕的基础上,结合逃跑者性能优于追捕者时的最优决策策略及分层快速推进策略,构造基于运动图式机器人的追捕策略,并用实现仿真结果证明该方法在有障碍物环境下的多机器人追捕非常有效,但是该算法只能建立在手工经验的基础上,具有较差的自适应能力。因此,本章在已有离散状态下利用强化学习解决多机器人追捕的基础上,利用模糊系统解决连续状态下状态空间的庞大和复杂性问题,使状态空间得到简化,并利用遗传算法解决模糊逻辑系统规则的自主扩展和隶属参数的自动调整,使模糊系统具有自适应性,从而实现连续状态下的多机器人追捕问题。

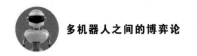

8.2　改进的基于运动图式的多机器人追捕策略

8.2.1　改进的基于运动图式的多机器人追捕动作规划

运动图式方法是一种反应式的机器人导航算法,该方法按照任务的要求把机器人的运动分解为一系列基本行为的集合,建立机器人传感器与执行器的直接联系,直接把传感器的数据与机器人的运动结合起来,加快了机器人对外界的响应,提高了系统的实时性。这种结构不需要机器人对实际环境建模,系统具有较强的鲁棒性。它允许结合多种基本行为(每种运动图式对应于一个基本行为)的输出产生一个高层的行为合成结果,因此比一般的纯反应式方法赋予系统更多的柔性与灵活性。图 8.1 所示为基于运动图式的机器人反应式结构,图中 ES(environmental sensor)是环境传感器,PS(perceptual schema)是感知图式,PSS(perceptual subschema)是感知子图式,MS(motor schema)是运动图式。每个运动图式的输出通过矢量加权叠加并经过归一化处理之后直接输出给机器人的执行器。基于运动图式的反应式结构采用模块化设计,对于不同的任务要求及环境需求,易于重构,能够支持并行性和实时的反应性,因此适合于动态、开放的复杂环境。

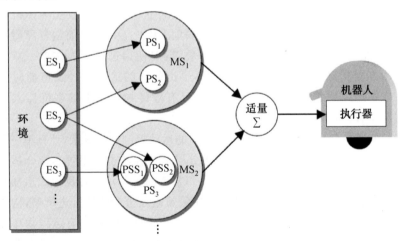

图 8.1　基于运动图式的机器人反应式结构

构造一系列足够用来组织解决复杂任务的最小行为集,该最小行为集称为基本行为。通过对基本行为输出的叠加和切换操作可以实现不同的复杂行为。本章中多个追捕者的任务需要保证多个移动机器人的自主运动,由初始位置到达猎物附近并最终包围猎物,而且要求在运动过程中避免与障碍物发生碰撞,并避免与其他机器人发生冲突。

本章采用基于运动图式的反应式控制结构,在周浦城等的研究基础上根据任务要求构造以下一系列基本行为。

1. 接近目标行为

接近目标行为使追捕者沿着第 7 章单一双人追捕博弈决策的追捕方向追向追捕者,即

$$F_{\text{move\_to\_goal}} = \begin{cases} 1, & \rho(q_j, E_i) \geqslant \varepsilon \\ 0, & \rho(q_j, E_i) < \varepsilon \end{cases} \tag{8.1}$$

式中,$\rho(q_j, E_i)$ 表明追捕者 j 和逃跑者 i 之间的欧几里得距离,$\rho(q_j, E_i) = \| q_j - E_i \|$;$\varepsilon$ 表示预先定义的正数。

2. 避开静态障碍物行为

避开静态障碍物行为被用来决定追捕者如何使用传感信息避开环境中的静态障碍物,即

$$F_{\text{asto}}(q_\zeta) = \begin{cases} \sum_{i=1}^{S} \eta \left(\dfrac{1}{\rho(q_\zeta, o_i)} - \dfrac{1}{\rho_0} \right) \dfrac{\nabla \rho(q_\zeta, o_i)}{\rho^2(q_\zeta, o_i)}, & \rho(q_\zeta, o_i) \leqslant \rho_0 \\ 0, & \rho(q_\zeta, o_i) > \rho_0 \end{cases} \tag{8.2}$$

式中,q_ζ 为追捕者的位置;o_i 为由追捕者第 i 条激光扫描线探测到的障碍物的位置;S 为激光探测器的扫描线的总数;$\rho(q_\zeta, o_i)$ 为追捕者与障碍物 i 间的欧几里得距离,$\rho(q_\zeta, o_i) = \| q_\zeta - o_i \|$;$\rho_0$ 为阈值。

3. 避开动态障碍物行为

避开动态障碍物行为用来避开环境中的一些动态障碍物,即

$$F_{\text{adyo}} = \begin{cases} 0, & \rho(q_\zeta, do_i) > R_s \\ \sum_{i=1}^{S} \dfrac{R_s - \rho(q_\zeta, do_i)}{R_s - r_s}, & r_s < \rho(q_\zeta, do_i) \leqslant R_s \\ \infty, & \rho(q_\zeta, do_i) \leqslant r_s \end{cases} \tag{8.3}$$

式中,$\rho(q_\zeta, do_i)$ 为追捕者与动态障碍物 i 间的欧几里得距离;R_s 和 r_s 分别为阈值。

4. 避开队友追捕者行为

避开队友追捕者行为用来避开环境中的其他追捕者,即

$$F_{\text{ap}} = \begin{cases} 0, & \rho(q_j, q_i) > R_s' \\ \sum_{i \in \{N \backslash j\}} \dfrac{R_s' - \rho(q_j, q_i)}{R_s' - r_s'}, & r_s' < \rho(q_j, q_i) \leqslant R_s' \\ \infty, & \rho(q_j, q_i) \leqslant r_s' \end{cases} \tag{8.4}$$

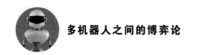

式中,R_s' 和 r_s' 分别为阈值。

5. 压迫式维持追捕队形行为

压迫式维持追捕队形行为为捕获实力能力优异的逃跑者,追捕者必须协调来完成,使用压迫式追捕方式封堵机器人的逃跑方向。其中,根据快速逼近方法维持合适的队形也是一种较好的协调策略。一旦能够获取用来成功包围逃跑者的队形位置,维持队形行为可以产生一个移向期望点的运动矢量,其方向指向期望的队形位置,大小与机器人距离该点的远近有关,即

$$F_{\mathrm{mf}}=\begin{cases} 1, & \rho(q_j,D_i) \geqslant R_c \\ \dfrac{(\rho(q_i-D_i)-R_d)}{R_c-R_d}, & R_c > \rho(q_j,D_i) \geqslant R_d \\ 0, & \rho(q_j,D_i) < R_d \end{cases} \tag{8.5}$$

式中,D_i 表明维持追捕队形中追捕者 i 的期望位置;R_c 和 R_d 分别为阈值。

6. 随机行为

由于环境的复杂性,因此机器人在一些情况下可能在上述作用力的合成之后出现合成矢量的标量值等于零的特殊情况,此时机器人因没有明确的外部作用力导向而无法继续运动,导致无法完成任务,此时称机器人处于死锁状态。为使机器人从这种状态中摆脱出来,一种简单易行的方式是引入漫游行为 wander,当机器人出现停滞不前等死锁状态时,通过附加的随机噪声扰动,使机器人有可能跳出局部极小点。漫游行为的具体实现是在持续时间 T_0 内随机产生漫游步长和方向,即

$$\begin{cases} |F_{\mathrm{wander}}| = \mathrm{rand}(0,\mathrm{NOISE\_MAG}] \\ \theta_F = \mathrm{rand}[0,360) \end{cases} \tag{8.6}$$

式中,$\mathrm{NOISE\_MAG}$ 代表随机噪声的幅值;θ_F 为随机噪声的方向。

7. 避开过去的行为

为避开陷阱,设计避开过去的行为,即

$$F_{\mathrm{avoid\_past}} = \frac{V}{P} \tag{8.7}$$

式中,V 为追捕者所参观过点的次数;P 为最大允许遍历次数。

8. 收缩包围圈行为

收缩包围圈行为的功能就是当多个追捕机器人已经接近猎物后,根据需要形成一定半径的包围圈,将逃跑者围在中间。包围收缩行为的实现途径有很多种。例如,可以采用主-从控制的方式,由充当领队角色的机器人根据逃跑者的位置等信息确定相应的包围点位置,然后根据一定的准则给各个机器人分配目标位置,各个协同追捕者按照分配的目标点位置无碰撞行进,最终完成围捕

任务。

本章采用合作用力来实现收缩包围圈行为,矢量计算为

$$F_{\mathrm{shrink\_surround}} = F_{\mathrm{attraction}} + F_{\mathrm{obstacle}} + F_{\mathrm{robot}} \tag{8.8}$$

式中,$F_{\mathrm{attraction}}$ 为逃跑者对追捕者的吸引力;F_{obstacle} 为障碍物对追捕者的合斥力;F_{robot} 为其他机器人的合斥力。式(8.8)表明,收缩包围圈行为通过各种作用力的合成,实现追捕机器人在靠近逃跑者时尽量远离障碍物和边墙,同时与其他队友机器人保持一定距离。

对于第 i 个追捕机器人,各种作用力的具体计算为

$$F_{\mathrm{obstacle}} = \sum_{i=1}^{n} F_i \tag{8.9}$$

$$|F_i| = \begin{cases} 0, & d_i > R_\mathrm{o} \\ \dfrac{R_\mathrm{o} - d_i}{R_\mathrm{o} - r_\mathrm{o}}, & r_\mathrm{o} < d_i \leqslant R_\mathrm{o} \\ \infty, & d_i \leqslant r_\mathrm{o} \end{cases} \tag{8.10}$$

$$|F_{\mathrm{attraction}}| = \begin{cases} 0, & d > R_\mathrm{a} \\ \dfrac{r_\mathrm{a}}{d}, & r_\mathrm{a} < d \leqslant R_\mathrm{a} \\ 1, & d \leqslant r_\mathrm{a} \end{cases} \tag{8.11}$$

$$F_{\mathrm{robot}} = \sum_{j \in \{P \setminus i\}} F_j \tag{8.12}$$

$$|F_j| = \begin{cases} 0, & d > R_\mathrm{b} \\ \dfrac{r_\mathrm{b} - d}{R_\mathrm{b} - r_\mathrm{b}}, & r_\mathrm{b} < d \leqslant R_\mathrm{b} \\ \infty, & d \leqslant r_\mathrm{b} \end{cases} \tag{8.13}$$

式中,d 为逃跑者或其他追捕者到追捕机器人 i 的距离;d_i 为障碍物距离机器人的距离;R_o、R_a、R_b 均为距离阈值参数。

在基于行为的机器人控制系统中,不同的行为要完成不同的目标,多个行为之间往往可能产生相互冲突。因此,在设计基于行为的机器人控制系统时,一个主要的问题就是如何形成有效的多行为活动协调机制,以实现机器人合理一致的整体行为。对于本章采用的基于运动图式方法,决定机器人运动的最终行为输出是通过将上述每种基本行为的输出与其控制参数相乘,然后求和并归一化处理后得到的。各行为的输出矢量随着新信息的不断获取而被连续更新,从而实现对当前情况的快速响应,有

$$\begin{aligned} F = \oplus (&G_\mathrm{g} F_{\mathrm{go\_to\_goal}} + G_{\mathrm{so}} F_{\mathrm{asto}} + G_{\mathrm{do}} F_{\mathrm{adyo}} + G_\mathrm{r} F_{\mathrm{ap}} + \\ &G_\mathrm{m} F_{\mathrm{mf}} + G_\mathrm{w} F_{\mathrm{wander}} + G_\mathrm{p} F_{\mathrm{avoid\_past}} + G_{\mathrm{ss}} F_{\mathrm{shrink\_surround}}) \end{aligned} \tag{8.14}$$

式中,$\oplus$ 表示归一化算子;G_g 表示奔向目标行为的控制参数;G_{so}、G_{do} 分别表示静

态和动态避障行为的控制参数;G_r表示队友吸引力控制参数;G_m表示维持队形的控制参数;G_w表示采取随机行为的控制参数;G_p表示避开错误陷阱控制参数;G_{ss}表示搜索包围的控制参数。

逃跑者实际上总是试图避开追捕者,并且为免遭池鱼之灾,总是相互分散,远离追捕者,远离不可进入区域。本章在第6章多个追捕者追捕一个逃跑者的策略及第7章逃跑者基于FMM而设计的智能躲避算法基础上,在有障碍物存在下,为逃跑者设计以下五种不同的逃跑策略。

(1)逃跑者试图增加与最近的追捕者之间的距离。

(2)逃跑者试图增加与最近的逃跑者之间的距离。

(3)逃跑者试图增加与最近的被作为追捕目标的逃跑者之间的距离,如果一个逃跑者被作为目标,它将增加与最近的追捕者之间的距离。

(4)逃跑者逃离整个逃跑聚集的中心。

(5)逃跑者利用博弈中的一些信息来试图搜索不属于任何追捕者联盟所构成的阿波罗尼奥斯圆封闭区域的安全逃跑通道。

当考虑到多个逃跑者目标时,由于目标间缺乏分散性,因此策略(1)显得很有效。策略(2)和策略(4)都具有较好的分散属性,但逃跑目标很多时候会自投罗网,撞进其他追捕者的追捕区域,会更快地被捕获。最好的策略似乎应该是策略(3),因为它反映了追逃问题的一些本质特点。在绝大多数多局中人追逃博弈问题中,追捕者首先追捕逃跑的目标,因此通过增加与逃跑目标间的距离不会直接撞入追捕者的追捕路径中,同时也增加成功逃跑的机会,但也会有可能直接进入其他追捕者的追捕联盟区域(阿波罗尼奥斯圆封闭区域)中。最好的策略是策略(5),一旦猎物逃离联盟中所有追捕者的追捕联盟区域,那么能力较强的逃跑者将会因为自己的超级速度而不会再被捕获。

8.2.2　仿真实验

本节通过仿真实验对基于运动图式的多机器人追捕算法的有效性进行分析。追捕区域是 $1\,020\text{ m} \times 65.8\text{ m}$ 的矩形区域,四个追捕者围捕一个逃跑者,仿真周期为100 ms。图8.2所示为不同采样时刻的追捕场景,图中黑色区域是不同形状的障碍物。其中,图8.2(a)为初始时刻的场景,图8.2(b)、(c)为追捕中间时刻的追捕场景,图8.2(d)为追捕成功状态。

基本的仿真参数设置是:机器人都是半径为0.5 m的圆形躯体,机器人本体传感器采用的是用于识别其他机器人的电荷耦合元件(charge coupled device, CCD)和由八个声呐组成的声呐阵列,通过声呐阵列传感器,机器人可以获取关于周围环境固定障碍物、动态障碍物及队友的大致分布情况和对应的距离信息。追捕者的最大运动速度 $v = 4$ m/s,逃跑者的最大速度是一个变量,可以手动

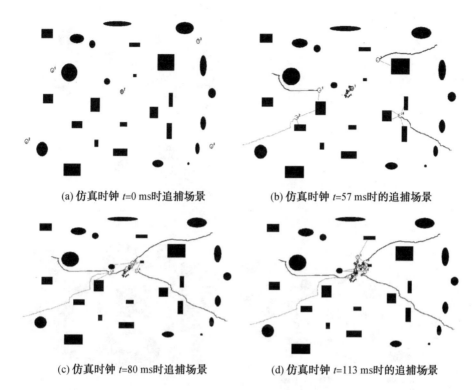

(a) 仿真时钟 $t=0$ ms时追捕场景　　　　　(b) 仿真时钟 $t=57$ ms时的追捕场景

(c) 仿真时钟 $t=80$ ms时追捕场景　　　　　(d) 仿真时钟 $t=113$ ms时的追捕场景

图 8.2　不同采样时刻的追捕场景

设置,本章设置为 4 m/s。逃跑机器人优先采用策略(5)进行逃跑,当策略(5)的条件不满足时,采用策略(3)进行逃跑。基本行为控制参数由手工人为设定,分别是 $G_g=0.5$、$G_{so}=0.3$、$G_{do}=0.6$、$G_r=0.1$、$G_m=0.5$、$G_w=0.1$、$G_p=0.1$、$G_s=0.35$、$P=1$。

　　图 8.3 所示为不同障碍物环境设置下得到的追捕实验结果。可以看出,在确定了合适的行为控制参数之后,在一般障碍物设置情况下追捕者根据自身的感知器均能完成对猎物的围捕任务。另外,图 8.3(d) 是实验失败的例子,障碍物设置存在“U 现象”,如对于上方的追捕机器人,由于正前方逃跑者的吸引力引导追捕者往前行进,同时行进前方的左右两边均存在障碍物,对机器人的行进有排斥作用而阻碍追捕者向前运动,因此追捕者在原地停滞不前。对于这种情况处置,一种办法是增加新的行为,如增加追捕者沿着障碍物走的行为,一旦行进前方有障碍物,则机器人沿着障碍物运动,等脱离障碍物之后再选择奔向目标行进的行为;还有一种解决的途径是通过调整各基本行为的控制参数,如增加避障行为和随机扰动行为的权重而减小奔向目标行为的权重,使得机器人优先考虑避开当前遇到的障碍物。

　　通过一系列的仿真结果可以发现,不同的行为控制参数得到的实验结果差

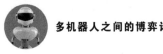

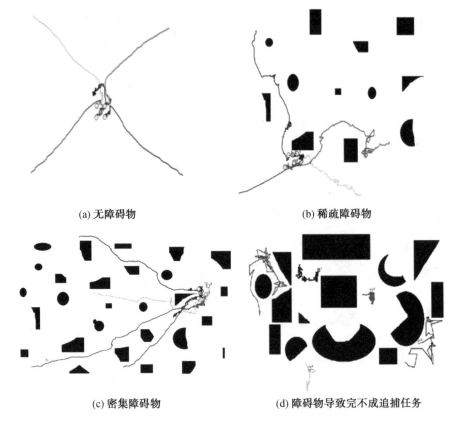

(a) 无障碍物   (b) 稀疏障碍物

(c) 密集障碍物   (d) 障碍物导致完不成追捕任务

图 8.3 不同障碍物环境设置下得到的追捕实验结果

别很大,甚至能够影响到追捕成功与否。图 8.4 所示为相同条件下不同控制参数对追捕结果的影响。其中,图 8.4(a) 对应的主要行为控制参数是 $G_g=0.9$、$G_{so}=0.3$、$G_{do}=0.2$、$G_r=0.2$、$G_m=0.5$、$G_w=0.1$、$G_p=0.1$、$G_s=0.35$、$P=1$;图 8.4(b) 对应的主要行为控制参数是 $G_g=0.4$、$G_{so}=0.7$、$G_{do}=0.7$、$G_r=0.5$、$G_m=0.4$、$G_w=0.1$、$G_p=0.1$、$G_s=0.35$、$P=1$。因此可以发现,选择合适的控制参数是基于运动图式的机器人追捕算法的关键。

    本章也尝试采用自适应控制参数调整算法,但是实验结果发现追捕时间及整体追捕者的运动路径长度都能够得到减少,追捕成功率可以得到提高,但是提高的幅度不是显著性的。可以发现,自适应算法手工经验的成分非常大,不具备很强的智能性,由于强化学习不需要任何先验性知识并且可以实现在线学习这样的先天优势,因此受到机器学习学者和专家的青睐。本章拟采用强化学习方法来进行追捕机器人自适应度的追捕。

(a) 追捕机器人倾向于直接追捕　　　　(b) 追捕机器人避障的权重比较大

图 8.4　相同条件下不同控制参数对追捕结果的影响

8.3　基于遗传算法的模糊强化学习追捕策略

8.3.1　强化学习

强化学习(reinforcement learning,RL)是一个通过与环境交互进行学习的计算方法。所谓强化学习,是指从环境到具体行为动作映射的学习,促使智能体/机器人(智能体和机器人在本节的意义是相同的,本节全部采用智能体的说法)执行相应的行为动作从而在与环境的交互中获得的累积奖赏值最大。该方法与监督学习技术不同,监督学习通过正例、反例来告知采取何种行为,而强化学习通过试错(trial-and-error)来发现最优行为策略。智能体/机器人不断尝试进行行为动作选择,并根据环境的反馈信号调整行为动作的评价值,最终智能体/机器人可以获得最优策略。强化学习的主要优势是其不需要先验知识、训练数据和已知模型。强化学习适合于控制智能机器人,特别是在自主移动机器人领域有着广泛的应用。

强化学习中的智能体与环境的交互模型如图 8.5 所示。它主要包含两部分:一是智能体,其试图采取行为 a_t 措施以使回报即 r_t 最大化;二是给予智能体奖励的环境。

强化学习目的是构造一个控制策略,使得智能体行为性能达到最大。因此,需要定义一个目标回报函数来表明从长期的观点确定什么是好的动作。时刻 t 智能体的回报 R_t 可以定义为

$$R_t = \sum_{i=0}^{t} \gamma^i r_{t+i} \tag{8.15}$$

式中,γ 表示折算因子($0 < \gamma < 1$);t 表示时间片,一段时间可以被划分为完全独

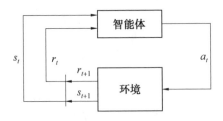

图8.5　强化学习中的智能体与环境的交互模型

立的多个时间片；r_t 为从 t 到 $t+1$ 状态转移后智能体得到的奖赏信号值，这里奖赏信号值可以是正、负或零。

常见的强化学习算法有 TD(temporal difference) 算法、Q－Learning 算法、Sarsa 算法和 Dyna－Q 算法。

1. TD 算法

TD 算法是对蒙特卡罗思想和动态规划的结合，即一方面 TD 算法在不需要系统模型情况下可以直接从智能体经验中学习；另一方面 TD 算法与动态规划一样，利用估计的值函数进行迭代。

TD(0) 算法是最为简单的 TD 算法，其思想是智能体获得的瞬时奖赏值仅向后回退一步，也就是只迭代修改相邻状态的估计值。TD(0) 算法的迭代公式为

$$V(s_t) = V(s_t) + \alpha\big[r_{t+1} + \gamma V(s_{t+1}) - V(s_t)\big] \tag{8.16}$$

式中，$V(s_t)$ 为智能体在 t 时刻访问环境状态 s_t 时的状态值函数；$V(s_{t+1})$ 为 $t+1$ 时刻的状态值函数；r_{t+1} 为 Agent 从状态 s_t 到 s_{t+1} 的瞬时奖赏值。学习开始时，首先初始化 V 值，然后智能体根据当前策略确定行为动作 a_t，从而得到经验知识和训练样例 $\langle s_t, a_t, s_{t+1}, r_{t+1}\rangle$；其次根据式(8.16)修改相应的状态值函数。当智能体访问到目标状态时，算法终止一次迭代循环。算法继续从初始状态开始新的迭代循环，直到学习结束为止。

TD 算法由 Sutton 提出，并证明当系统满足马尔可夫属性，α 绝对递减时，算法收敛。但 TD(0) 算法的收敛速度较慢，原因是在 TD(0) 算法中智能体获得的瞬时奖赏值只是修改相邻状态的值函数。因此，研究者又提出 λ 步 TD 算法，在该算法中智能体获得的瞬时奖赏值可以向后回退 λ 步。TD(λ) 算法的迭代公式为

$$V(s) = V(s) + \alpha\big[r_{t+1} + \gamma V(s_{t+1}) - V(s)\big]e(s) \tag{8.17}$$

式中，$e(s)$ 可以用下式计算，即

$$e(s) = \begin{cases} \gamma\lambda e(s) + 1, & s \text{ 为当前状态} \\ \gamma\lambda e(s), & \text{其他情况} \end{cases} \tag{8.18}$$

TD(λ) 算法考虑奖赏值是后退多步，因此其收敛速度可以得到大大提高。

2. Q－Learning 算法

Q－Learning 算法由 Watkins 提出,Watkins 和 Dayan 于 1992 年基本证明其具有收敛性[223]。Q－Learning 的思想不同于 TD 算法,Q－Learning 不是去学习 V 函数,而是学习每个状态－行为动作对奖赏的评价值 $Q(s,a)$,$Q(s,a)$ 的值是从状态 s 执行动作 a 后获得的累计回报值。在决策时,智能体只需要比较状态 s 下每个动作 a 的 Q 值即 $Q(s,a)$,就可以明确状态 s 下的最优策略,不需要考查状态 s 的所有后续状态,从而大大简化了决策过程。Q－Learning 算法的基本形式为

$$Q^*(s,a) = R(s,a) + \gamma \sum_{s \in S} T(s,a,s') \max_{a'} Q^*(s',a') \qquad (8.19)$$

式中,$Q^*(s,a)$ 表示智能体在状态 s 下执行动作 a 所获得的最优奖赏折扣和;γ 为折扣因子。可知,最优策略为在 s 状态下选择 Q 值最大的行为。智能体在每个时刻 t,根据环境状态 s 选择行为动作 a,观察瞬时奖赏 r 和新状态 s,并按下式更新 Q 值(其中 α 是控制收敛的学习率),即

$$Q_{t+1}(s,a) = (1-\alpha)Q_t(s,a) + \alpha[r_t + \gamma \max_{a'} Q_t(s',a')] \qquad (8.20)$$

由于 Q－Learning 在每次迭代循环中都会考查智能体的每一个行为动作,因此从本质上来说 Q－Learning 是不需要执行特殊搜索策略的。在一定条件下,Q－Learning 只需要采用简单的贪心策略就可以保证算法的收敛。正是由于拥有这方面的优越性,因此尽管 Q－Learning 还需要进一步提高收敛速度,但它一直被认为是最有效的模型无关强化学习算法之一,同时也是目前应用最为广泛的算法之一。本章也选择 Q－Learning 算法来进行行为动作的选择。

3. Sarsa 算法

Sarsa 算法是 1994 年由 Rummery 提出的,最初被称为改进的 Q－Learning 算法。这个算法与 Q－Learning 算法类似,仍采用 Q 值迭代的形式,只是其迭代公式与 Q 学习迭代公式有所不同,具体公式为

$$Q(s_t,a_t) = Q(s_t,a_t) + \alpha[r_{t+1} + \gamma Q(s_{t+1},a_{t+1})] - Q(s_t,a_t) \qquad (8.21)$$

Sarsa 的过程与 Q－Learning 类似,智能体在每个学习步中根据 ε－贪心策略确定动作 a,然后按式(8.21)进行值函数的修改。从迭代公式中可以看出,Sarsa 与 Q－Learning 的差别在于 Q－Learning 采用的是值函数最大值进行迭代,而 Sarsa 则采用的是实际 Q 值进行迭代。另外,Sarsa 在每个学习步智能体按当前 Q 值确定下一状态时的动作,而在 Q－Learning 中智能体是按修改的 Q 值来确定动作的。

4. Dyna－Q 算法

Dyna－Q 算法与 Sarsa 算法一样是典型的基于模型的算法。它与 Sarsa 不同

在于：在 Sarsa 算法中，模型是隐含在当前的 Q 值函数中的；而在 Dyna－Q 算法中，必须要去学习系统的模型。Dyna－Q 算法综合了动态规划和 TD 算法，智能体通过三步学习来对策略进行优化。首先，智能体通过学习经验来建立环境模型；然后，使用经验来调节策略；最后，使用模型来调节策略。

Dyna－Q 算法充分利用每次学习经验中获取的知识，解决 TD 算法和 Q－Learning 迭代速度较慢的问题。

在强化学习中，也有以下几个关键问题需要解决。

（1）延迟回报。

智能体在完成特定任务时，不仅需要知道每个动作的立即回报，更需要知道该动作的长期回报，而长期回报一般必须经过一段时延才能获得。智能体在学习过程中使用长期最优模型（long-run optimality model）来决定如何考虑延迟回报所带来的影响。当智能体在执行一个动作序列时，每一次状态转移将对应一个不同的回报，可以是正回报，也可以是负回报。如果达到了好的目标状态，则对应最大的正回报；同理，如果到了一个最糟糕的目标状态，则得到最大的负回报。如何合适定义回报是智能体学习的一个关键要素之一。本章以追捕者距离逃跑者的距离大小作为回报设计的关键要素。距离逃跑者越近，获得的正回报值越大；反之，则负回报越大。并且拟采用延迟回报的办法，即一个时间片结束了，再延迟回报到整个序列。

（2）探索和利用的权衡。

在学习时需要解决探索和利用的权衡问题。一方面，智能体在决策的过程中不能总是为了探索而选择不同的动作，这样将导致以前的经验无法利用，学习进步得非常缓慢；另一方面，智能体也不能总是利用学习中获得的经验，选择当前认为最好的动作，这将阻碍发现更好的动作。

权衡的方法有很多，一种简单的策略是 ε－贪心法，就是智能体每次以概率 ε 随机选择一个任意动作，以概率 $1-\varepsilon$ 选择当前评价值最高的动作。该方法的缺点是在探索新动作时，各个动作的选择概率是一样的，这样选择最坏动作的概率也很大。

另一种方法是 Boltzmann 分布法，即

$$\text{prob}(a \mid s) = \frac{e^{Q(s,a)/T}}{\sum_{a' \in A} e^{Q(s,a')/T}} \tag{8.22}$$

式中，$\text{prob}(a \mid s)$ 为状态 s 下选择动作 a 的概率；$Q(s,a)$ 表示当前对动作 a 的评价值；T 为温度值，T 的大小决定随机性的大小，T 越大，则随机性越大。在学习的初始阶段，T 可以取较大的值，这样每个动作被选择的概率相当，在学习的中间阶段逐渐降低温度，Q 值高的动作被选择的概率增加，保证了以前的学习结果不被破坏。

Q 值函数的实现是 Q－Learning 中的一个关键问题。在状态空间较小且离散的情况下,Q 值函数可以用多维表(Q 表)实现,即设 $Q(s,a)$ $(s \in S, a \in A)$ 为多维表,S,A 为有限集合,$Q(s,a)$ 代表状态 s 下执行动作 a 的 Q 值,表的大小等于 $|S| \times |A|$。当环境状态空间较大,甚至连续时,理论上可以先将状态空间离散化,然后采用多维表来存储所有状态－动作对的 Q 值。但实际上,离散后的状态数目将非常巨大,智能体在 Q－Learning 时不仅没有足够的空间来存储这些状态,也没有足够的时间来访问这些状态,这就要求对状态空间进行泛化。状态空间的泛化机制可以采用基于案例的小脑神经元模型(cerebellar model articulation controller,CMAC) 及基于关联规则的方法。上述 Q－Learning 算法与简单的离散化方法相比,都有着一定的泛化能力,能很好地解决连续状态空间的学习问题,但这些算法对于动作空间都只能采取简单离散化的方法。本章试图将模糊控制与 Q－Learning 相结合,采用模糊 Q－Learning 算法来解决状态泛化问题,既能适用于连续状态空间的学习,也可以解决连续行为动作空间的机器人追捕问题。

8.3.2　模糊系统

在控制系统中,一般都会建立对象的精确数学模型。但是在很多实际应用中,由于在非线性、干扰、多数据量的负责系统中建立准确数据模型非常困难,因此利用模糊性构造模糊系统可使复杂问题得以解决。模糊系统包括模糊化、模糊推理及解模糊化三个主要阶段,其中模糊推理是其核心。

1. 模糊化

模糊化即对输入变量根据相应的隶属度函数完成模糊性的描述,隶属度函数主要有三角形函数、梯形函数和高斯型函数。

2. 模糊推理

模糊推理是要建立其相应的推理规则库,规则库一般由 N 个规则组成,假设输入向量为 $\boldsymbol{x} = (x_1, \cdots, x_n)$,输出向量为 $\boldsymbol{w} = (w_1, \cdots, w_m)$,则规则库的表示形式为

$$R_j:假如 x_1 是 A_{j1}, \cdots, x_n 是 A_{jn},那么 w_1 是 W_{j1}, \cdots, w_m 是 W_{jm}, \quad j = 1, 2, \cdots, N$$
(8.23)

式中,R_j 代表第 j 条规则;$A_j (j=1, \cdots, n)$ 代表输入变量模糊集;$W_{ji} (i=1, \cdots, m)$ 代表输出变量的结果。

如果建立了上述规则库,那么就可以用该规则库进行智能体的行为动作选择。这里假设上述的规则库结果向量 $\boldsymbol{w} = (w_1, \cdots, w_m)$ 表示连续空间的特征点向量 $\boldsymbol{a} = (a_1, \cdots, a_m)$,相应的权值为 $(w_{j1}, \cdots, w_{jm})$,那么当输入向量为 $\boldsymbol{x} =$

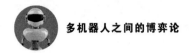

$(x_1, \cdots, x_n)$ 时，通过模糊推理，每一个特征点的总权值计算为

$$W_k = \frac{\sum\limits_{j=1}^{N} w_{jk} \cdot \prod\limits_{k=1}^{M} \mu_j(x_k)}{\sum\limits_{j=1}^{N} (\prod\limits_{k=1}^{M} \mu_j(x_k))}, \quad k = 1, \cdots, M \tag{8.24}$$

式中，$\mu_j(x_k)(k=1, \cdots, n)$ 表示相应的模糊集 A_{ji} 的隶属函数值。

3. 解模糊化

解模糊化就是对模糊输出进行确定化，一般有最大隶属度法、中位数法及加权平均法（又称重心法）。采用加权平均法来解模糊得到模糊推理系统总的输出 Y 为

$$Y = \frac{\sum\limits_{k=1}^{m} a_k \cdot W_k}{\sum\limits_{k=1}^{m} W_k} \tag{8.25}$$

可以发现，一旦模糊规则库根据专家的经验确定以后，得出的模糊控制结果一般可以实现专家满意，但是不一定是最优的，并且专家定下来的初始规则库也不一定能够适应环境的变化。因此，建立一定的规则修订标准、开发能够自适应规则变化的模糊系统是模糊系统的发展方向。

8.3.3　遗传算法

遗传算法（genetic algorithm，GA）是借鉴生物界的进化规律演化而来的随机搜索算法。遗传算法直接对结构对象（求解问题）进行操作，不存在对变量进行求导；具有内在的隐并行性和较好的全局寻优能力；利用概率化的寻优方法，能自动获取和指导优化的搜索空间，从而自适应地调整搜索方法。遗传算法在很多方面得到了广泛应用，如组合优化、机器学习、图像处理、过程处理、神经网络进化、模糊模式识别和人工生命等方面。本章主要用来解决模糊推理中控制规则参数及相关隶属度参数的调整。

以一个单输入单输出的控制系统为例，其输入量 I 有 $i_1, i_2, \cdots, i_m$ 共 m 个模糊量；其输出量 O 有 $o_1, o_2, \cdots, o_n$ 共 n 个可能的输出。就该系统而言，可确定 $m \times n$ 个基本隶属度参数。$m \times n$ 个隶属度代表 $m \times n$ 个基因，任意选择基因参数进行组合就可以得到任意多条基因链，每条链称为染色体，长度为 m 的 n 条链组成初始染色体种群群体。每个染色体应进行适当编码，可以是二进制的，也可以是浮点型的。

设定好适应度函数，它是对染色体进行检验和评估的函数，在控制工程中可以把它看作一个代价函数。根据适度函数对初始群体中的每个染色体个体进行

选择,适应度较高的个体遗传到下一代的概率较高,适应度较低的个体遗传到下一代群体的概率较低,这样可以促使后代中每个染色体的适应度进一步接近,从而最终实现最优解。选择操作主要通过选择算子来实现,选择算子可以看成概率的形式,一般可以用选择率 P_s 表示,选择一些适应度较高的染色体作为下一代染色体的父代。

遗传算法的第二个操作是再生,即根据前一代染色体产生新一代(孩子)染色体,该操作包括交叉和变异两种方式。所谓交叉,就是在父代中选择一对父母,并且在其所有的染色体中按照交叉算子来交换其部分基因,从而形成两个新的个体。交叉可以分为单点交叉、双点交叉和算术交叉等。交叉算子也可以用概率的方式表示,记为 P_c。所谓变异,就是在父代中选择一个染色体,将染色体编码串上的某些等位基因座上的基因值按照变异算子改变为该基因座上的其他等位基因,从而获得下一代的染色体个体。变异算子包括基本位变异、均匀变异、边界变异及高斯近似变异等。变异算子也可用概率方式表示,记为 P_m。

通过选择、交叉、变异等操作,遗传算法得到下一代的新种群,并可以采用适应度进行检验。如此反复,直到种群中的各个染色体适度达到相应的要求,循环结束,从而产生算法的最优解。

在此过程中,涉及几个需要关键要素的设计:参赛的编码机制、初始群体的设定、适应度函数的设计、遗传操作、各控制参数(选择率、交叉率及变异率)的设计和约束条件的处理等。

8.3.4　FLC - QLGA 追捕策略算法

在利用运动图进行求解时,各个动作的控制参数无论是采用手工方法,还是采用自适应调整的方法,追捕效果都没有得到显著提高。本节提出基于强化学习和遗传算法的模糊逻辑控制学习算法(fuzzy logic control algorithm based on Q - Learning and genetic algorithm,FLC - QLGA),以提高运动图的追捕效率。

在强化学习运用到连续状态空间的问题时,一般办法是离散或者泛化状态空间。离散状态空间导致很多更加细致的状态没有被覆盖或者覆盖错误,从而在很多状态下没有得到最优决策,导致学习效果不是最佳。为此,本节提出利用模糊理论来扩展基本强化学习技术,扩展到整个连续状态空间。

FLC—QLGA 的主要思想如下:每个追捕者不再是通过计算 8.2.1 节描述的八种行为动作混合计算出的某种行为,而是通过 Q - Learning 算法首先学出在有障碍物存在下的离散状态(粗糙)下的追捕者策略(机器人的运动速度 u_p 及运动方向 θ),在利用强化学习算法学习追捕策略时,每个追捕者都能够按照换位思考的方法预测一下其他追捕者实时的追捕行为;然后以此作为专家的初步经验,构造出模糊逻辑控制器的各项参数,把离散状态空间扩展到连续状态空间,从而实现状态的全覆盖;最后利用遗传算法天生具备的调节模糊逻辑控制器的参数优势,使模糊控制器的各项参数得到较好优化。

在利用 Q—Learning 离散追捕策略时,假定追捕小联盟已经形成,即多个机器人群体已经按照联盟生成算法被分割为多个追捕小联盟,研究每个联盟内部机器人的追捕行为分配和策略形成。

(1)参与追捕队友的行为模式预测。

所谓行为模式,主要是指接近目标行为、避开静态障碍物行为、避开动态障碍物行为、避开队友追捕者行为、压迫式维持追捕队形行为、随机行为、避开过去的行为及收缩包围圈行为等八种追捕者可以采用的追捕行为。在多机器人追捕时,由于环境是动态变化的,即其他队友机器人也是在运动的,因此不能简单地把这些情况都考虑成固定不动的场景信息,而需要对其他机器人的行为进行合适的预测,从而为以后利用 Q—Learning 选择回报函数时打下一定的基础。

由于追捕环境是动态和随机的,因此可以假定每个周期追捕者的行为是正态分布的,每个机器人的决策是独立的,服从独立正态分布和 χ^2 分布。因此,可以利用 χ^2 分布预测队友追捕者的可能行为模式。

利用下式计算模式匹配的概率,并判定队友追捕者所属的行为模式,即

$$\chi^2 = \sum_{i=1}^{k} \frac{(O_i - E_i)^2}{E_i} \tag{8.26}$$

式中,O_i 表示追捕者的某种行为在实际执行时发生的次数;E_i 表示追捕者的某种行为在未来即将执行时期望发生的次数。

给定 $\alpha = 0.05$,即期望模式匹配成功率为 95% 以上。如果式(8.26)的计算结果小于 χ^2 分布表中查到的值,则认为模式匹配的概率达到 95%,即在误差允许范围内判定当前队友的行为即匹配的行为模式。

(2)回报函数的选取。

在强化学习中,如何选择回报函数是非常重要的,因为机器人依靠回报函数去更新其价值函数,系统的回报函数根据不同的期望任务而有所不同。例如,就机器人追捕而言,追捕者的期望任务是抓获逃跑者,因此任务要求越接近机器人越好,这时追捕者希望在每一步中减少与逃跑者之间的距离。在时刻 t 时,追捕者与逃跑者之间的距离定义为

$$D(t) = \sqrt{(x_e(t) - x_p(t))^2 + (y_e(t) - y_p(t))^2} \tag{8.27}$$

两个连续距离之间的差异 $\Delta D(t)$ 的计算公式为

$$\Delta D(t) = D(t) - D(t+1) \tag{8.28}$$

$\Delta D(t)$ 取正值,意味着追捕者正靠近逃跑者。$\Delta D(t)$ 的最大值定义为

$$\Delta D_{\max} = V_{r\max} T \tag{8.29}$$

式中，V_{rmax} 是追捕者相对于逃跑者的相对速度的最大值，$V_{\mathrm{rmax}} = V_p + V_e$；$T$ 为采样周期。因此，可以选择接近目标的回报函数 r_t 为

$$r_t = \Delta D(t) / \Delta D_{\max} \qquad (8.30)$$

基于强化学习和遗传算法的模糊逻辑控制学习算法可以分为以下两个阶段。

（1）利用 Q－Learning 得到简单离散化下的追捕者最优策略估计。Q－Learning 的输入状态值指机器人的角度误差 δ 及其导数 $\dot{\delta}$，其中 $\delta \in [-1,1]$，$\dot{\delta} \in [-1,1]$。动作是指追捕者的转向角度 u_p，其中 $u_p \in [-0.5,0.5]$。这些值是相对粗糙离散化的，可使状态和动作空间不过大。

状态及其相应的最优估计动作学习完成以后被存储在一张 Q 表中，学习算法如算法 8.1 所示。

算法 8.1　学习算法
1　离散化状态空间 S 和动作空间 A
2　初始化 $Q(s,a) = 0$
3　对每一段
4　　初始化 $e(s,a) = 0$
5　　随机追捕群体初始化 (x_{pi}, y_{pi}) 和逃跑者 (x_e, y_e)
6　　采用 $\mathrm{prob}(a \mid s) = \dfrac{e^{Q(s,a)/T}}{\sum\limits_{a' \in A} e^{Q(s,a')/T}}$ 选择一个 a_t
7　　对每一局
8　　　接收 r_{t+1}
9　　　观察 s_{t+1}
10　　更新 $Q_{t+1}(s,a) = (1-\alpha)Q_t(s,a) + \alpha[r_t + \gamma \max\limits_{a'} Q_t(s',a')]$
11　结束
12　结束
13　$Q = Q^*$
14　对每一个状态 s 赋值一个贪心动作 a^*
15　将状态－动作对存储到 Q 表中

（2）基于遗传算法的模糊规则自学习阶段。

该阶段包括以下两步。

①Q 表中的状态－动作对被用作训练数据，以调整基于遗传算法的模糊逻

辑控制器的各项参数。在该步计算中,先计算第一阶段获得的贪心动作 U_a 和模糊逻辑控制器的输出 U_{flc} 之间的差值,然后计算均方误差(mean squared error,MSE),把均方误差用作遗传算法的适应度函数。遗传算法作为监督性学习应用其中。

② 通过调整过的模糊逻辑控制器在线执行机器人追逃实验。遗传算法被用来在追捕者和逃跑者交互的过程中进一步调整 FLC 的各项参数。该阶段把最小化抓捕时间作为遗传算法的适应度函数。该阶段中,遗传算法与从第一阶段获得的先验知识一起被用作非监督性的学习技术。使用遗传算法对提出技术进行编码的过程将在仿真实验部分详细介绍。

出于比较的目的,将实现一个通用的非监督遗传算法学习方法。该非监督遗传算法学习方法将通过随机地选择模糊逻辑控制器的参数进行初始化。遗传算法调整这些参数以使给出的封闭距离最大化。

运用遗传算法进行模糊规则自学习的算法如算法 8.2 所示。

算法 8.2　运用遗传算法进行模糊规则自学习的算法

1	从查找表中获取状态 — 动作对
2	随机初始化一个种群 P
3	For 每一遍循环 I
4	对种群中的每一套染色体
5	从种群染色体中构造一个 FLC
6	For 每一个状态 s
7	计算 FLC 的输出 U_{flc}
8	End for
9	采用按下式计算的均方误差 MSE 作为适应度函数,即
10	$$\text{MSE} = \frac{1}{2L} \sum (U_d^l - U_{flc}^l)^2 \qquad (8.31)$$
	式中,L 是输入／输出数据对的数目;u_d^l 是第 l 个贪心动作 a^*
11	End for
12	根据适应度对种群中的所有染色体进行排序
13	选择排序后种群中的一部分作为新的父代
14	对剩下的种群使用交叉和变异以创建新的一代
15	使用最新的 FLC 值初始化一个种群 P
16	For 每一遍循环 I
17	随机初始化 (x_e, y_e)
18	对种群中的每一套染色体
19	初始化状态 $(\delta, \dot{\delta}) = (0, 0)$

20	初始化 (x_{pi}, y_{pi})
21	从种群染色体中构造一个模糊逻辑控制器 FLC
22	For 每一局
23	计算 FLC 的输出 u_p
24	观察下一个状态
25	End for
26	观察适应度函数,即最小化的抓捕时间
27	End for
28	按照适应度函数值对种群中的所有染色体排序
29	从已排序的种群中选择一部分染色体作为新的父代
30	在剩下的种群中利用交叉与变异产生新的一代
31	End for

8.3.5　仿真实验结果

为构建状态空间,用 0.2 离散化输入量 δ、$\dot{\delta}$ 的范围。δ、$\dot{\delta}$ 的范围被设定为 $-1 \sim 1$,所以二者离散化的结果为 $(-1.0, -0.8, -0.6, \cdots, 0.8, 1.0)$。二者各有 11 个离散的值,这些值结合可以形成 $11 \times 11 = 121$ 种状态。为构建动作空间,用 0.1 离散化动作 U_p 的范围。该值的范围被设定为 $-0.5 \sim 0.5$,因此离散化的动作空间值为 $(-0.5, -0.4, \cdots, 0.4, 0.5)$。有 11 种动作,则 Q 表的维数为 121×11。选择每个学习小节为 800 个小周期,而每一节中的局数或者步骤数为 10 000,比例因子 $\gamma = 0.9$,跟踪衰变参数 $\lambda = 0.8$。学习效率 α 按下式逐节递减,即

$$\alpha = 0.2 e^{-0.005i} \tag{8.32}$$

并且定义 ε 按下式也逐节递减,即

$$\varepsilon = 0.1 e^{-0.03i} \tag{8.33}$$

式中,i 为当前节数。

在第一阶段,系统初始状态为 $(\delta, \dot{\delta})$,追捕者和逃跑者的初始位置为 (x_{pi}, y_{pi})、(x_e, y_e),在每节开始时随机选择以覆盖大多数情形和状态。状态及其相应的动作 a^* 被存储在一个 Q 表中,随后被用来在第二阶段用遗传算法调整 FLC 的各项参数。因为有 121 种状态,所以查找表中的状态-动作对也有 121 个。

在第二阶段,采用遗传算法调整 FLC 的各项参数。现在将详细给出利用遗传算法对 FLC 各项参数进行编码的过程。被学习的模糊逻辑控制器 FLC 有两个

输入,即误差 δ 及其导数 $\dot{\delta}$。每一个输入变量有三个中频,所以总共有六个输入参数。

一个 FLC 可以被编码为含 $6+6+9=21$ 个基因的染色体。在编码的过程中,采用十进制数。种群由一套染色体组成(被编码的 FLC)。在再生过程中,生产新的染色体。使用两种遗传算法操作:第一种为交叉,即选择一对父代并在其所有的染色体中选取一个随机点 r,然后进行互相交叉替换;第二种为变异,即生成一个随机的染色体以避免适应度值的局部最小。经过两步操作,拥有一个新的种群来用适应度函数进行再次检验。这种遗传过程在循环结束前一直重复进行。

第二阶段的学习由两部分组成。在第一步中,遗传算法被用作监督学习,所有的 FLC 参数均随机初始化,所采用的适应度函数是式(8.31)定义的均方误差(MSE)。期望的输出 u_d 是由第一阶段中查找表中获取的贪心动作 $a*$,而实际的输出是 FLC 的输出 U_{flc}。因此,该步所得的结果并不比第一阶段的结果好,所以需要执行第二步操作。在第二步中,遗传算法被用作非监督学习,由第一步获得先验知识,用从第一步中获取的数据对 FLC 的参数进行初始化。在第二步中,使用最小化的追捕时间作为遗传算法的适应度函数,而不是第一步中的均方误差 MSE。

为验证 FCL－QLGA,将其结果和优化策略、单独的 Q－Learning 及非监督遗传学习(FCL－GA)的结果加以比较。第二阶段第一步和第二步中的遗传算法参数值及非监督遗传算法学习的参数值见表 8.1。

表 8.1　遗传算法参数值及非监督遗传算法学习的参数值

	FCL－QLGA		FCL－GA
	第一阶段	第二阶段	
迭代次数／次	200	200	600
种群数量／个	100	40	80
局数／局	—	300	300
交叉概率	0.2	0.2	0.2
变异概率	0.1	0.1	0.1
适应度函数	最小化 MSE	最小化追捕时间	最大化回报

由前面的描述可以看出,在第二阶段第二步中,本章使用的是一个经过初步学习得到的 FLC,然后再通过遗传算法进行进一步调整,从而具有更大的适应

性。而在非监督遗传算法学习中,由于实现没有 Q－Learning 提供的 FLC 初步参数,因此在实验中只能对它们进行随机的初始化,这种随机初始化不仅使最后学习到的性能不及经过调整的,而且也加长了学习的时间。本章从训练时间和追捕效率上来评价各种算法,各种算法的训练时间和追捕效率见表 8.2。

表 8.2　各种算法的训练时间和追捕效率

算法名称	训练时间	平均抓捕时间 /s
Q－Learning	118 s	32.5
FCL－GA	32 min	21
FCL－QLGA	6 min	20.7

第一个需要比较的是学习的时间,利用 Q－Learning 得到一张 Q 表需要 118 s 的时间;利用 FCL－GA 由于没有先验知识,因此学习的平均时间较长,需要 32 min 的时间;而基于 FCL－QLGA 的学习算法由于有了先验知识,因此平均学习时间只需要 6 min。从这一方面看,Q－Learning 表现最好,FCL－QLGA 表现次之,而 FCL－GA 表现最差。

第二个需要考查的就是追捕效率,由于 Q－Learning 学到的是离散状态下的经验,因此在实际使用过程中,总追捕时间往往非常长,甚至没有达到前述的基于运动图式方式,50 场不同场景的追捕平均时间为 32.5 s;而基于 FCL－GA 学习算法的追捕效率得到非常大的提高,平均追捕时间为 21 s,说明基于遗传算法模糊控制器的性能还是非常优越的;基于 FCL－QLGA 学习算法的平均追捕时间为 20.7 s,与 FCL－GA 的水平相当,略有提升,究其根本原因是 Q－Learning 可以提供初始经验,加快其学习速度,但是对提高其学习精度没有太大的帮助。

8.4　本章小结

本章在有障碍物条件下,首先从机器人导航中引入了基于运动图式的方法,并对其进行进一步的改进,实现并应用到机器人追捕中。实验结果表明,该方法针对连续状态下的机器人追捕决策是有效的,但是基本行为控制参数一般都是手工的,虽然可以提供自适应调整方式,但是效率没有得到很大提高。针对连续状态,本章结合强化学习、遗传算法和模糊控制的优点,提出了 FCL－QLGA 学习算法,利用强化学习的优势,不需要专家和熟练数据,实现初始规则的产生,同

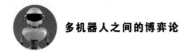

时利用遗传算法较强的优化能力来调整模糊逻辑控制器的各项参数。通过实验结果,可以发现该方法既可以节省学习的训练时间,也可以提高追捕的效率。

参 考 文 献

[1] 蔡自兴. 机器人学的发展趋势和发展战略[J]. 高技术通讯,2001(6):107-110.

[2] STACHNISS C. Exploration and mapping with mobile robots [D]. Freiburg:University of Freiburg,2006.

[3] SU L Y,TAN M. A virtual centrifugal force based navigation algorithm for explorative robotic tasks in unknown environments[J]. Robotics and Autonomous Systems,2005,51(4):261-274.

[4] O'BEIRNE D, SCHUKAT M. Collaborative exploration for a group of self-interested robots[C]. Victoria: Proceedings of 2nd Canadian Conference on Computer and Robot Vision,2005.

[5] FOX D, KO J, KONOLIGE K, et al. Distributed multi-robot exploration and mapping[C]. Victoria: Proceedings of 2nd Canadian Conference on Computer and Robot Vision, 2005.

[6] SALICHSM A, MORENO L. Navigation of mobile robots: open questions [J]. Robotica, 2000, 18(3):227-234.

[7] LEONARD J, DURRANT-WHYTE H. Directed sonar sensing for mobile robot navigation[J]. Advanced Robotics, 1992,10(6):547-578.

[8] 胡小平. 自主导航理论与应用[M]. 长沙:国防科技大学出版社,2002.

[9] MURPHY R. Introduction to AI robotics[M]. Cambridge:MIT Press, 2001.

[10] 李群明,熊蓉,褚健. 室内自主移动机器人定位方法研究综述[J]. 机器人, 2003, 25(6):560-567.

[11] 厉茂海,洪炳熔. 移动机器人的概率定位方法研究进展[J]. 机器人,2005,27(4):380-384.

[12] LEONARD J, DURRANT-WHYTE H. Mobile robot localization by tracking geometric beacons[J]. IEEE Transactions on Robotics and Automation, 1991, 7(3):376-382.

[13] MORENO L E, ARMINGOL J M. A genetic algorithm for mobile robot localization using ultrasonic sensors[J]. Journal of Intelligent and Robotic Systems, 2002, 34:135-154.

[14] JULIER S J, UHLMANN J K. Unscented filtering and nonlinear estimation[J]. Proceedings of the IEEE Aerospace and Electronic Systems, 2004, 92(3):401-422.

[15] BURGARD W, FOX D, HENNING D, et al. Estimating the absolute position of a mobile robot using position probability grids[C]. Oregon: Proceedings of the National Conference on Artificial Intelligence (AAAI-1996), 1996.

[16] DELLAERT F, FOX D, BURGARD W, et al. Monte Carlo localization for mobile robots[C]. Michigan: Proceedings of the IEEE International Conference on Robotics and Automation, 1999.

[17] MILSTEIN A, SANCHEZ J N, WIAMSON E. Robust global localization using clustered particle filtering[C]. Edmonton: Proceedings of the National Conference on Artificial Intelligence (AAAI-2002), 2002.

[18] LUO R H, HONG B R. Coevolution based adaptive monte carlo localization (CEAMCL)[J]. International Journal of Advanced Robotic Systems, 2004, 1(3): 183-190.

[19] THRUN S, FOX D, BURGARD W, et al. Robust Monte Carlo localization for mobile robots[J]. Artificial Intelligence, 2001, 128(1-2):99-141.

[20] FOX D. Adapting the sample size in particle filters through KLD-sampling[J]. International Journal of Robotic Research, 2003, 22(2):985-1004.

[21] JENSFELT P, KRISTENSEN S. Active global localization for a mobile robot using multiple hypothesis tracking[J]. IEEE Trans. Robotics Automation, 2001, 17(5):748-760.

[22] JENSFELT P. Approaches to mobile robot loclization in indoor environment[D]. Stockholm:Royal Institute of Technology, 2001.

[23] TOMONO M. A scan matching method usingeuclidean invariant signature

for global localization and map building[C]. Montreal：IEEE International Conference on Robotics & Automation，2004.

[24] BESL P, MCKAY N. A method of registration of 3-D shapes[J]. IEEE Trans. on Pattern Analysis and Machine Intelligence，1992，14(2)：239-256.

[25] LU F，MILIOS E. Robot pose estimation in unknown environments by matching 2D range scans[J]. Journal of Intelligent and Robotic Systems，1997，18：249-275.

[26] 张鸿宾，唐积尧. 多视点距离图像的对准算法[J]. 自动化学报，2001，27(1)：39～46.

[27] ROFER T. Using histogram correlation to create consistent laser scan maps[C]. Lausanne：IEEE International Conference on Robotics Systems，2002.

[28] PFISTERS T，ROURNELIOTIS S I，BURDICK J W. Weighted line fitting algorithms for mobile robot map building and efficient data representation[C]. Taipei：IEEE International Conference on Robotics and Automation，2003.

[29] JOACHIM W，LUTZ F，KLAUS-WERNER J. Reference scan matching for global self-localization[J]. Robotics and Autonomous Systems，2002，40(2-3)：99-110.

[30] TOMONO M. Building an object map for mobile robots using LRF scan matching and vision-based object recognition[C]. New Orieans：IEEE International Conference on Robotics & Automation，2004.

[31] ABOSHOSHA A，TAMINI H，ZELL A. Matching of 2D laser signatures based on spatial and spectral analysis[C]. Munich：Proceedings of Robotik，2004.

[32] AMOS A，WILFRIED G. Analytic path planning algorithms for bipedal robots without a trunk[J]. Journal of Intelligent and Robotic Systems，2003，36(2)：109-127.

[33] WANG P K C. Optimal path planning based on visibility[J]. Journal of Optimization Theory and Applications，2003，117(1)：157-181.

[34] SRIKANTHAN L. High-speed environment representation scheme for dynamic path planning[J]. Journal of Intelligent and Robotic Systems，2001，32(3)：307-319.

[35] DENG X，MIRZAIAN A. Competitive robot mapping with homogeneous

markers[J]. IEEE Trans. on Robotics and Automation, 2002, 12(4): 532-542.

[36] CHRISTIAN H, GUNTHER S. Path planning and guidance techniques for an autonomous mobile cleaning robot[J]. Robotics and Autonomous Systems, 1995, 15(3):229-241.

[37] KERON Y, BORENSTEIN J. Potential field methods and their inherent limitations for mobile robot navigation[C]. California: Proc. IEEE Int. Conf. Robot Automation, 1991.

[38] CAI Z X, PENG Z H. Cooperative coevolutionary adaptive genetic algorithm in path planning of cooperative multi-mobile robot systems[J]. Journal of Intelligent and Robotics Systems, 2002, 33(1):61-71.

[39] CZARNECKI A, ROUTEN T. Characteristics of based approach to path planning for mobile robots[J]. Journal of Network and Computer Applications, 1997, 18(2):187-204.

[40] SMITH R, SELF M, CHESSEMAN P. Estimating uncertain spatial relationships in robotics[B]. Autonomous Robot Vehicles, Springer-Verlag, 1990:167-193.

[41] KUIPERS B, BYUN Y T. A robot exploration and mapping strategy based on a semantic hierarchy of spatial representations[J]. Robotics and Autonomous Systems, 1991, 8(1-2): 47-63.

[42] KLEINBERG J. The localization problem for mobile robots[C]. Los Alamitos: Proc. of the 35th IEEE Symposium on Foundations of Computer Science, 1994.

[43] KAELBLING L, LITTMAN M, CASSANDRA A. Planning and acting in partially observable stochastic domains[J]. Artificial Intelligence, 1998, 101 (1): 99-134.

[44] CSORBA M. Simultaneous localization and map building[D]. Oxford: University of Oxford, 1997.

[45] DISSANAYAKE G, NEWMAN P, et al. A solution to the simultaneous localization and map building (SLAM) problem[J]. IEEE Trans. Robotics and Automation, 2001, 17(3):229-241.

[46] LEONARD J, DURRANT-WHYTE H. Simultaneous map building and localization for an autonomous mobile robot[C]. Osaka: Proc. of the IEEE International workshop on Intelligent Robots and Systems, 1991.

[47] GUIVANT J, NEBOT E. Optimization of the simultaneous localization

and map-building algorithm for real-time implementation [J]. IEEE Trans. Robotics and Automation, 2001, 17(3):242-257.

[48] THRUN S, LIU Y, KOLLER D. Simultaneous localization and mapping with sparse extended information filters[J]. International Journal of Robotics Research, 2004, 23(7):693-716.

[49] KARLSSON N, BERNARDO E, OSTROWSKI J, et al. The vSLAM algorithm for robust localization and mapping[C]. Barcelona: IEEE Int. Conf. on Robotics and Automation (ICRA), 2005.

[50] MONTEMERLO M, THRUN S, KOLLER D. FastSLAM: a factored solution to the simultaneous localization and mapping problem[C]. Edmonton: Proc. of the Eighteenth National Conference on Artificial Intelligence, 2002.

[51] MONTEMERLO M, THRUN S, KOLLER D. FastSLAM 2.0: an improved particle filtering algorithm for simultaneous localization and mapping that provably converges[C]. Acapulco: Proc. of the Int. Joint Conference on Artificial Intelligence, 2003.

[52] SIMON Y, MAX M. Real-time collision-free path planning of robot manipulators using neural network approaches[J]. Autonomous Robots, 2000, 9(1):27-39.

[53] ZAVLANGAS P, TZAFESTAS S. Industrial robot navigation and obstacle avoidance employing fuzzy logic[J]. Journal of Intelligent and Robotic Systems, 2000, 27(1):23-30.

[54] MBEDE J, BOSCO W. Fuzzy and recurent neural network motion control among dynamic obstacles for robot manipulators[J]. Journal of Intelligent and Robotic Systems, 2001, 30(2):155-177.

[55] BORENSTEIN J, KOREN Y. The vector field histogram-fast obstacle avoidance for mobile robots[J]. IEEE Journal of Robotics and Automation, 1991, 7(3):278-288.

[56] SIMMONS R. The curvature velocity method for local obstacle avoidance [C]. Piscataway: Proceedings of the IEEE International Conference on Robotics and Automation, 1996.

[57] KO N, SIMMONS R. The lane-curvature method for local obstacle avoidance[C]. Victoria: Proceedings of the International Conference on Intelligent Robotics and Systems, 1998.

[58] FERNANDEZ J, SANZ R, BENAYAS J, et al. Improving collision a-

voidance for mobile robots in partially known environments: the beam curvature method[J]. Robotics and Autonomous Systems, 2004, 46(4): 205-219.

[59] ALBERTO E. Sonar based real world mapping and navigation[J]. IEEE Journal of Robotics and Automation, 1987, 3(3): 249-265.

[60] DIOSI A, TAYLOR G, KLEEMAN L. Laser scan matching in polar coordinates with application to SLAM[C]. Edmonton: IEEE/RSJ International Conference on Intelligent Robots and Systems, 2005.

[61] ALBERTO V. Mobile robot navigation in outdoor environments: a topological approach[D]. Lisboa: University of Tecnica De Lisboa, 2005.

[62] BAILEY T, NEBOT E. Localisation in largescale environments[J]. Robotics and Autonomous Systems, 2001, 37: 261-281.

[63] TOMATIS N. Hybrid, metric-topological, mobile robot navigation[D]. Lausanne: École Polytechnique Fédérale de Lausanne, 2002.

[64] KORTENKAMP D. Cognitive maps for mobile robots: a representation for mapping and navigation[D]. Michigan: University of Michigan, 1993.

[65] SIMMONS R, APFELBAUM D, BURGARD W, et al. Coordination for multi-robot exploration and mapping[C]. Austin: In Proceedings of the National Conference on Artificial Intelligence, 2000.

[66] ROBERT Z, TONY S, BERNARDINE D, et al. Multi-robot exploration controlled by a market economy[C]. Washington, DC: Proceedings of the 2002 IEEE International Conference on Robotics and Automation, IEEE, 2002.

[67] GERKEY B, MATARIC M. Sold!: auction methods for multirobot coordination[J]. IEEE Transactions on Robotics and Automation, 2002, 18(5): 758-768.

[68] BERHAULT M, HUANG H, KESKINOCAK P, et al. Robot exploration with combinatorial auctions[C]. Las Vegas: Proceedings of the International Conference on Intelligent Robots and Systems, 2003.

[69] 张飞, 陈卫东, 席裕庚. 多机器人协作探索的改进市场法[J]. 控制与决策, 2005, 20(5): 516-520.

[70] LEE K H, KIM J H. Multi-robot cooperation-based mobile printer system[J]. Rob. Autom. Syst., 2006, 54(3): 193-204.

[71] DASS M, HU Y C, LEE C S G, et al. Supporting many-to-one communication in mobile multi-robot Ad Hoc sensing networks[C]. New Orleans:

Proc. IEEE ICRA，2004.

[72] JONES C，MATARIC M. Automatic synthesis of communication-based coordinated multi-robot systems[C]. Sendai：IEEE Int Conf Intell Rob Syst，2004.

[73] HOWARD A PARKER L，SUKHATME G. The SDR experience：experiments with a large-scale heterogenous mobile robot team[C]. Singapore：Proc. of the International Symposium on Experimental Robotics (ISER)，2004.

[74] FOX D，KO J，KONOLIGE K，et al. A hierarchical bayesian approach to mobile robot map structure learning[C]. Springer Verlag：the 11th International Symposium，Springer Tracts in Advanced Robotics (STAR)，2005.

[75] HESPANHA J P，KIM H J，SASTRY S. Multiple-agent probabilistic pursuit-evasion games[C]. Phoenix：Proc. of IEEE CDC，1999.

[76] HESPANHA J P，PRANDINI M，SASTRY S. Probabilistic pursuit-evasion games：a one-step nash approach[C]. Sydney：Proc IEEE CDC，2000.

[77] VIDAL R，SHAKERNIA O，KIM H J，et al. Probabilistic pursuit-evasion games：theory，implementation，and experimental evaluation[J]. IEEE Transactions on Robotics and Automation，2002，18(5)：662-669.

[78] VIDAL R，RASHID S，SHARP C，et al. Pursuit-evasion games with unmanned ground and aerial vehicles[C]. Seoul：Proc IEEE ICRA，2001.

[79] RAJKO S ，LAVELLE S M. A pursuit-evasion BUG algorithm[C]. Montreal：Proc. of IEEE ICRA，2001.

[80] 朱清新. 离散与连续空间的最优搜索理论[M]. 北京：科学出版社，2005.

[81] CHENG C K，LENG G. Cooperative search algorithm for distributed autonomous robots[C]. Sendai：Proc. of IEEE Inter. Conf. on IROS，2004.

[82] FURUKAWA T，BOURGAULT F，LAVIS B，et al. Recursive bayesian search-and-tracking using coordinated UAVs for lost targets[C]. Orlando：Proc. of IEEE ICRA，2006.

[83] ANTONIADES A，KIM H J，SASTRY S. Pursuit-evasion strategies for teams of multiple agents with incomplete information[C]. Hawaii：Proc. of IEEE CDC，2003.

[84] KO J，STEWART B，FOX D，et al. A practical，decision-theoretic ap-

proach to multi-robot mapping and exploration[C]. Las Vegas: Proceedings of the 2003 IEEE/RSJ Intl. Conference on Intelligent Robots and Systems, 2003.

[85] BOURGOULT F, MAKARENKO A, WILLIAMS S, et al. Information based adaptive robotic exploration[C]. Lausanne: In Proc. of the IEEE/RSJ Int. Conf. on Intelligent Robots and Systems (IROS), 2002.

[86] WHAITE P, FERRIE F. Autonomous exploration: driven by uncertainty [J]. IEEE Transactions on Pattern Analysis and Machine Intelligence, 1997, 19(3):193-205.

[87] JENSEN B, SIEGWART R. Scan alignment with probabilistic distance metric[C]. Sendai: Proc. IEEE/RSJ Int. Conf. Intelligent Robots and Systems, 2004.

[88] DIOSI A, KLEEMAN L. Laser scan matching in polar coordinates with application to SLAM[C]. Las Vegas: Proc. of the IEEE/RSJ Int. Conf. on Intelligent Robots and Systems (IROS), 2003.

[89] ONO N, FUKUMOTO K. Multi-agent reinforcement learning a modular approach[C]. Kyoto: The Second International Conference on Multi-Agent Systems, 1996.

[90] 苏治宝,陆标联,童亮. 一种多移动机器人协作围捕策略[J]. 北京理工大学学报,2004,24(5): 403-406.

[91] MICHAEL M, GEORGE J. Distributed hybrid control for multiple-pursuer multiple-evader games[C]. Pisa:Hybrid Systems: Computation and Control (HSCC), 2007.

[92] 柳林,季秀才,郑志强. 基于市场法及能力分类的多机器人任务分配方法[J]. 机器人,2006,28(3): 337-343.

[93] 陶海军,王亚东,郭茂祖,等. 基于熟人联盟及扩充合同网协议的多智能体协商模型[J]. 计算机研究与发展,2006,43(7): 1155-1160.

[94] 王玉善,叶东海. 多 Agent 系统中合同网协议的一种改进方案[J]. 上海师范大学学报(自然科学版),2005,34(4): 22-27.

[95] ZHOU P C, HAN Y S, XUE M G. Extended contract net protocol for multi-robot dynamic task allocation[J]. Information Technology Journal, 2007, 6 (5): 733-738.

[96] 周浦城,洪炳镕,王月海. 动态环境下多机器人合作追捕研究[J]. 机器人, 2005, 27(4), 289-295.

[97] 胡晶晶,曹元大,胡军. 基于英式拍卖协商协议的多智能体任务分配[J]. 计

算机集成制造系统,2006,12(5):795-799.

[98] ZLOT R, STENTZ A. Market-based multi-robot coordination for complex tasks[J]. International Journal of Robotics Research,2006,25:73-101.

[99] 王月海,洪炳镕. 机器人部队运动多目标合作追捕算法[J]. 西安交通大学学报,2003,37(6):573-576.

[100] LI D X, CRUZ J B, SCHUMACHER C J. Stochastic multi-player pursuit-evasion differential games[J]. Int. J. Robust Nonlinear Control 2008,18:218-247.

[101] GE J H, LIANG T, REIMANN J, et al. Hierarchical decomposition approach for pursuit-evasion differential game with multiple players[C]. Big Sky:Aerospace Conference,2006 .

[102] CAI Z S, HONG B R, YANG J D. Pursuit-evasion strategies for teams of multiple agents in cluttered environment[J]. Journal of Harbin Institute of Technology (New Series),2008,15(sup2):51-55.

[103] CAI Z S, SUN L N, GAO H B, et al. Multi-robot cooperative pursuit based on task bundle auctions[C]. Berlin:ICIRA,2008.

[104] JOHAN R M. Using multiplayer differential game theory to derive efficient pursuit-evasion strategies for unmanned aerial vehicles[D]. Georgia:School of Electrical and Computer Engineering Georgia Institute of Technology,2007.

[105] KLEIN G, MURRAY D. Parallel tracking and mapping for small AR workspaces[C]. Nara:Proceedings of the 2007 6th IEEE and ACM International Symposium on Mixed and Augmented Reality,2007.

[106] MUR-ARTAL R, MONTIEL J M M, TARDOS J D. ORB—SLAM:a versatile and accurate monocular SLAM system[J]. IEEE transactions on robotics,2015,31(5):1147-1163.

[107] MUR-ARTAL R, TARD S J D. ORB—SLAM2:an open-source SLAM system for monocular, stereo and RGB-D cameras[J]. IEEE Transactions on Robotics,2017,33(5):1255-1262.

[108] 苑全德. 基于视觉的多机器人协作 SLAM 研究[D]. 哈尔滨:哈尔滨工业大学,2016.

[109] SCHMUCK P, CHLI M. Multi-UAV collaborative monocular SLAM [C]. Singapore:2017 IEEE International Conference on Robotics and Automation (ICRA),2017.

[110] MORATUWAGE D，VO B N，WANG D，et al. Extending bayesian RFS SLAM to multi-vehicle SLAM[C]. Guangzhou：2012 12th International Conference on Control Automation Robotics & Vision (ICARCV)，2012.

[111] ATANASOV N，LENY J，DANIILIDIS K，et al. Decentralized active information acquisition：theory and application to multi-robot SLAM [C]. Seattle：2015 IEEE International Conference on Robotics and Automation (ICRA)，2015.

[112] MILFORD M，WYETH G. Hybrid robot control and SLAM for persistent navigation and mapping[J]. Robotics and Autonomous Systems，2010，58(9):1096-1104.

[113] KOCH P，MAY S，SCHMIDPETER M，et al. Multi-robot localization and mapping based on signed distance functions[J]. Journal of Intelligent & Robotic Systems，2016，83(3-4)：409-428.

[114] ZHOU X S，ROUMELIOTIS S I. Multi-robot SLAM with unknown initial correspondence：the robot rendezvous case[C]. Beijing：2006 IEEE/RSJ international conference on intelligent robots and systems，2006.

[115] LI M H，CAI Z S，YI X，et al. ALLIANCE—ROS：a software architecture on ROS for fault-tolerant cooperative multi-robot systems[C]. Cham：Pacific Rim International Conference on Artificial Intelligence，2016.

[116] SOUIDI M E H，PIAO S H，LI G，et al. Multi-agent cooperation pursuit based on an extension of AALAADIN organisational model[J]. Journal of Experimental & Theoretical Artificial Intelligence，2016，28(6)：1075-1088.

[117] STEPHANAKIS I M，CHOCHLIOUROS I P，SFAKIANAKIS E，et al. Anomaly detection in secure cloud environments using a self-organizing feature map (SOFM) model for clustering sets of R-ordered vector-structured features[C]. Rhodes：Proceedings of the 16th International Conference on Engineering Applications of Neural Networks (INNS)，2015.

[118] PETER H，RIASHAT I，PHILIP B，et al. Deep rein-forcement learning that matters[C]. New Orleans：Proceedings of the Thirty-Second AAAI Conference on Artificial Intelligence(AAAI)，2018.

[119] RASHID A T, FRASCA M, ALI A A, et al. Multi-robot localization and orientation estimation using robotic cluster matching algorithm[J]. Robotics and Autonomous Systems, 2015, 63: 108-121.

[120] 周浦城, 洪炳镕, 黄庆成. 一种新颖的多 agent 强化学习方法[J]. 电子学报, 2006, 34(8): 1487-1491.

[121] KHRIJI L, TOUAT I, FARI D, et al. Mobile robot navigation based on Q—Learning technique[J]. International Journal of Advanced Robotic Systems, 2011, 8(1), 45-51.

[122] STEVEN L, ROBERT W. Automatic methods for continuous state space abstraction[B]. AAAI Workshop—Technical Report, 2010: 48-53.

[123] PIATE R, JUSTU S, JODOGN E, et al. Learning visual representations for perception-action systems[J]. International Journal of Robotics Research, 2011, 30(3): 294-307.

[124] HERRERO-PEREZ D, MARTINEZ-BARBERA H. Fuzzy uncertainty modeling for grid based localization of mobile robots[J]. International Journal of Approximate Reasoning, 2010, 51(8): 912-932.

[125] 谭民, 王硕, 曹志强. 多机器人系统[M]. 北京: 清华大学出版社, 2005.

[126] LI W, CHEN W F. A new and fast segmentation algorithm for MR brain images with bias field correction and neighborhood constrains[J]. Chinese Journal of Electoronics, 2010, 38(8): 1984-1997.

[127] 李群明, 熊蓉, 褚健. 室内自主移动机器人定位方法研究综述[J]. 机器人, 2003, 25(6): 560-567.

[128] RODR M, IGLESIASA R, REGUEIROB C V, et al. Autonomous and fast robot learning through motivation[J]. Robotics and Autonomous Systems, 2007, 55(9): 735-740.

[129] KONDO T, ITO K. A reinforcement learning with evolutionary state recruitment strategy for autonomous mobile robots control[J]. Robotics and Autonomous Systems, 2004, 46(2): 111-124.

[130] YE C, YUNG N H C, WANG D W. A fuzzy controller with supervised learning assisted reinforcement learning algorithm for obstacle avoidance [J]. IEEE Transactions on Systems, Man, and Cybernetics, Part B: Cybernetics, 2003, 33(1): 17-27.

[131] WATKIN C J C H, DAYAN P. Q learning[J]. Machine Learning, 1992, 8(3): 279-292.

[132] 李珺. 基于强化学习的多机器人追捕问题研究[D]. 哈尔滨：哈尔滨工业大学，2010.

[133] MARIN T M，DUCKETT T. Fast reinforcement learning for vision-guided mobile robots[C]. Barcelona：IEEE International Conference on Robotics and Automation，2005.

[134] THEODORIDIS T，HU H. The fuzzy Sarsa'a（λ）learning approach applied to a strategic route learning robot behaviors[C]. Beijing：IEEE/RSJ International Conference on Intelligent Robots and Systems，2006.

[135] CHIOU Y C，LAN L W. Genetic fuzzy logic controller：an iterative evolution algorithm with new encoding method [J]. Fuzzy Sets and Systems，2005，152(3)：617-635.

[136] MUCIENTES M，MORENO D L，BUGARIN A，et al. Design of a fuzzy controller in mobile robotics using genetic algorithms[J]. Applied Soft Computing，2007,7(2):540-546.

[137] 尚丽. RoboCup2D 中的多 Agent 协作技术研究[D]. 合肥：合肥工业大学，2010.

[138] PARKER L E. ALLIANCE：architecture for fault tolerant multi-robot cooperation[J]. IEEE Trans Rob Automation. ，1998，14(2)：220-240

[139] LI D X，JOSE B，CRUZ J，et al. Stochastic multi-player pursuit-evasion differential games[J]. International Journal of Robust and Nonlinear Control，2008,18(2)：218-247.

[140] VIDAL R，SHAKERNIA O，KIM H，et al. Probabilistic pursuit-evasion games：theory，implementation，and experimental evaluation[J]. IEEE Transactions on Robotics and Automation，2002，18(5)：662-669.

[141] MCCLINTOCK J，FIERRO R. A hybrid system approach to formation reconfiguration in cluttered environments[C]. Ajaccio：16th Mediterranean Conference on Control and Automation（MED'08），2008.

[142] LI D X，CRUZ J B，SCHUMACHER C J. A hierarchical approach to multi-player pursuit-evasion differential games[C]. Seville：Proceedings of the 42nd IEEE Conference of CDC−ECC05，2005.

[143] GE J H，TANG L，REIMANN J，et al. Hierarchical decomposition approach for pursuit-evasion differential game with multiple players[C]. Big Sky：Aerospace Conference，2006.

[144] TUYLS K，NOWE A. Evolutionary game theory and multi-agent rein-

forcement learning[J]. Knowledge Engineering Review, 2005, 20(1): 63-90.

[145] MARTINO B, SHIGEAKI K, PIERPAOL S. Pursuit-evasion games with state constraints: dynamic programming and discrete-time approximations[J]. Discrete and Continuous Dynamical Systems, 2000, 6(2): 361-380.

[146] KAOSHING H, YUJEN C, CINGHUANG L. et al. Reinforcement learning on strategy selection for a cooperative robot system[C]. Shatin: Robotics and Biomimetics (ROBIO), 2005.

[147] AMINAIEE H, AHMADABADI M N. Learning distributed object pushing: individual learning and distributed cooperation protocol[C]. Beijing: Intelligent Robots and Systems, 2006 IEEE/RSJ International Conference, 2006.

[148] JACKY B, YONGJOO P. Comparison of several machine learning techniques in pursuit-evasion games[C]. Seattle: RoboCup 2001, LNAI, 2002.

[149] KARL T, ANN N. Evolutionary game theory and multi-agent reinforcement learning[J]. The Knowledge Engineering Review, 2005, 20(1): 63-90.

[150] PAUL W R, WILLIAM C, LILES K A, et al. Analyzing cooperative co-evolution with evolutionary game theory[C]. Honolulu: Proceedings of CEC'02, 2002.

[151] MICHAEL H. Micro to macro game theory in a multi-agent system[C]. Vienna: Computational intelligence for modeling, Control and Automation, 2006.

[152] DU J F, LI H, XU X D, et al. Experimental realization of the quantum games on a quantum computer[J]. Phys. Rev. Lett., 2002, 88: 137902.

[153] DONG D Y, CHEN C L, LI H X, et al. Quantum reinforcement learning[J]. Systems, Man, and Cybernetics, Part B, IEEE Transactions, 2008, 38(5): 1207-1220.

[154] MENG X P, PI Y Z, YUAN Q D, et al. A study of multi-agent reinforcement learning based on quantum theory[C]. Beijing: IMACS Multi conference on Computational Engineering in Systems Applications (CE-

SA），2006．

［155］文家焱，王国利．绝热量子搜索算法中的纠缠与能量分析［J］．计算机研究与发展，2008,45(sup):81-86．

名 词 索 引